技工院校“十四五”规划数字媒体技术应用专业系列教材
中等职业技术学校“十四五”规划艺术设计专业系列教材

数字摄影与摄像

苏学涛 陈燕燕 刘孚林 孙铭徽 林国慧 主 编
王鸿书 林妙芝 副主编
李丽雯 范 斌 参 编

华中科技大学出版社
http://press.hust.edu.cn
中国 · 武汉

内容提要

本教材共分为九个项目。项目一包括数字摄影与摄像概述以及数码相机、数码摄像机的使用；项目二讲解风光摄影的分类、拍摄技巧，以及自然风光的拍摄；项目三介绍人像摄影的分类与拍摄技巧，就人物形象照从前期准备到灯光、背景、服装和妆容、引导、后期处理进行详细说明；项目四介绍商品摄影基础知识与流程，细致讲解特色美食、中国风服装、潮流鞋类等商品摄影实践；项目五介绍运动摄影的分类与技巧，详述田径比赛拍摄特点、准备及实践；项目六介绍新闻性专题的拍摄手法与技巧，细致讲解学术会议专题的拍摄特点、技巧等；项目七介绍纪实性专题的拍摄特点与技巧，以学院专业宣传片为例讲解前期策划、拍摄、后期制作、交付和宣传全流程；项目八介绍广告性专题的拍摄特点与技巧，重点讲解企业产品宣传片的拍摄；项目九介绍 360° 全景摄影、无人机拍摄、全息摄影等摄影摄像新技术的发展。

图书在版编目（CIP）数据

数字摄影与摄像 / 苏学涛等主编 . -- 武汉：华中科技大学出版社，2025. 1. --（技工院校“十四五”规划数字媒体技术应用专业系列教材）. -- ISBN 978-7-5772-1620-1

Ⅰ. TB86；TN948.41

中国国家版本馆 CIP 数据核字第 2025A2H543 号

数字摄影与摄像
Shuzi Sheying yu Shexiang

苏学涛　陈燕燕　刘孚林　孙铭徽　林国慧　主编

策划编辑：金　紫
责任编辑：白　慧
装帧设计：金　金
责任监印：朱　玢
出版发行：华中科技大学出版社（中国·武汉）　　电　话：（027）81321913
武汉市东湖新技术开发区华工科技园　　邮　编：430223
录　排：天津清格印象文化传播有限公司
印　刷：武汉科源印刷设计有限公司
开　本：889mm×1194mm　1/16
印　张：11.5
字　数：338 千字
版　次：2025 年 1 月第 1 版第 1 次印刷
定　价：69.80 元

技工院校“十四五”规划数字媒体技术应用专业系列教材
中等职业技术学校“十四五”规划艺术设计专业系列教材
编写委员会名单

合作编写单位

（1）合作编写院校

广东省城市技师学院
山东技师学院
中山市技师学院
广州市工贸技师学院
广东省轻工业技师学院
广州市轻工技师学院
江苏省常州技师学院
惠州市技师学院
佛山市技师学院
广州市公用事业技师学院
广东省技师学院
台山市敬修职业技术学校
广东省国防科技技师学院
广东省华立技师学院
广东花城工商高级技工学校
广东岭南现代技师学院
阳江技师学院
广东省粤东技师学院
东莞市技师学院
江门市新会技师学院
台山市技工学校
肇庆市技师学院
河源技师学院
广州市蓝天高级技工学校
茂名市交通高级技工学校
广东省交通运输技师学院
广州城建技工学校
清远市技师学院
梅州市技师学院
茂名市高级技工学校
汕头技师学院
珠海市技师学院

（2）合作编写企业

广州市赢彩彩印有限公司
广州市壹管念广告有限公司
广州市璐鸣展览策划有限责任公司
广州波镨展览设计有限公司
广州市风雅颂广告有限公司
广州质本建筑工程有限公司
广州市金洋广告有限公司
深圳市千千广告有限公司
广东飞墨文化传播有限公司
北京迪生数字娱乐科技股份有限公司
广州易动文化传播有限公司
广州云图动漫设计有限公司
广东原创动力文化传播有限公司
佛山市印艺广告有限公司
广州道恩广告摄影有限公司
佛山市正和凯歌品牌设计有限公司
广州泽西摄影有限公司
Master 广州市熳大师艺术摄影有限公司
广州猫柒柒摄影工作室
四川菌王国科技发展集团有限公司

序 言

技工教育和中职中专教育是中国职业技术教育的重要组成部分，主要承担培养高技能产业工人和技术工人的任务。随着“中国制造 2025”战略的逐步实施，建设一支高素质的技能人才队伍是实现战略目标的必备条件。如今，国家对职业教育越来越重视，技工和中职中专院校的办学水平已经得到很大的提高，进一步提高技工和中职中专院校的教育、教学和实训水平，提升学生的职业技能，培育和弘扬工匠精神，已成为技工和中职中专院校的共同目标。而高水平专业教材建设无疑是技工和中职中专院校发展教育特色的重要抓手。

本套规划教材以国家职业标准为依据，以综合职业能力培养为目标，以典型工作任务为载体，以学生为中心，根据典型工作任务和工作过程设计教学项目和学习任务。同时，按照工作过程和学生自主学习的要求进行教材内容的设计，实现理论教学与实践教学合一、能力培养与工作岗位对接合一、实习实训与顶岗工作合一。

本套规划教材的特色在于，在编写体例上与技工院校倡导的“教学设计项目化、任务化，课程设计教、学、做一体化，工作任务典型化，知识和技能要求具体化”紧密结合，体现任务引领实践的课程设计思想，以典型工作任务和职业活动为主线设计教材结构，以职业能力培养为核心，将理论教学与技能操作相融合作为课程设计的抓手。本套规划教材在理论讲解环节做到简洁实用、深入浅出；在实践操作训练环节体现以学生为主体的特点，创设工作情境，强化教学互动，让实训的方式、方法和步骤清晰，可操作性强，并能激发学生的学习兴趣，促进学生主动学习。

本套规划教材由全国 40 余所技工和中职中专院校数字媒体技术应用专业 90 余名教学一线骨干教师与 20 余家数字媒体设计公司和游戏设计公司一线设计师联合编写。校企双方的编写团队紧密合作，取长补短，建言献策，让本套规划教材更加贴近专业岗位的技能需求，也让本套规划教材的质量得到了充分的保证。衷心希望本套规划教材能够为我国职业教育的改革与发展贡献力量。

技工院校“十四五”规划数字媒体技术应用专业系列教材
中等职业技术学校“十四五”规划艺术设计专业系列教材 总主编

教授 / 高级技师 **文健**

2024 年 12 月

前言

数字摄影与摄像是数字媒体技术应用专业的专业必修课。在当今这个视觉文化盛行的时代，图像与影像无处不在且不可或缺。数字摄影与摄像这门课程，将为你打开一扇通往视觉艺术奇妙世界的大门。摄影是凝固瞬间的艺术，每一次按下快门，都是一次与时光的对话。而摄像则像是在编织时光的故事，它不再满足于单一的瞬间定格，而是通过连续的画面、丰富的情节、不同的声音等元素，将一段段故事娓娓道来。在这门课程中，你将学习到数字摄影与摄像的基本原理、技巧和方法。从相机与摄像机的操作基础，到构图、光线、色彩等美学元素的运用；从拍摄的创意构思，到后期的剪辑与制作，你将逐步掌握如何用镜头去观察世界、表达自我，如何通过图像和影像与他人进行沟通与交流。

本教材共分为九个项目。项目一包括数字摄影与摄像概述以及数码相机、数码摄像机的使用；项目二讲解风光摄影的分类、拍摄技巧，以及自然风光的拍摄；项目三介绍人像摄影的分类与拍摄技巧，就人物形象照从前期准备到灯光、背景、服装和妆容、引导、后期处理进行详细说明；项目四介绍商品摄影基础知识与流程，细致讲解特色美食、中国风服装、潮流鞋类等商品摄影实践；项目五介绍运动摄影的分类与技巧，详述田径比赛拍摄特点、准备及实践；项目六介绍新闻性专题的拍摄手法与技巧，细致讲解学术会议专题的拍摄特点、技巧等；项目七介绍纪实性专题的拍摄特点与技巧，以学院专业宣传片为例讲解前期策划、拍摄、后期制作、交付和宣传全流程；项目八介绍广告性专题的拍摄特点与技巧，重点讲解企业产品宣传片的拍摄；项目九介绍360° 全景摄影、无人机拍摄、全息摄影等摄影摄像新技术的发展。

本教材将教学设计项目化、任务化，课程设计教实一体化，学习任务典型化，知识和技能要求具体化等要求紧密结合；以任务引领实践为课程设计思想，在实践中检验和拓展理论知识；同时以培养学生职业能力为核心，将理论教学与技能操作融会贯通，迅速提升学生的专业技能。在理论讲解环节做到简洁实用，深入浅出；在实践操作训练环节，以学生为主体，创设项目情境，使实操的方法和步骤清晰，可操作性强，适合职业院校学生练习。本教材既可作为中职中专院校、技工院校相关专业的教材，也可以作为行业爱好者的自学教材及参考读物。

本教材在编写过程中得到了山东技师学院、广东省轻工业技师学院、广东省城市技师学院、广东省国防科技技师学院等院校师生的大力支持，在此表示感谢！由于编者学术水平有限，教材中难免出现错漏，欢迎广大读者批评、指正。

苏学涛

2024.10.11

课时安排（建议课时 106）

项目	课程内容	课时	
项目一 数字画面的拍摄技术	学习任务一　数字摄影与摄像概述	2	14
	学习任务二　数码相机的使用	6	
	学习任务三　数码摄像机的使用	6	
项目二 风光摄影	学习任务一　风光摄影的分类	2	10
	学习任务二　风光摄影的拍摄技巧	4	
	学习任务三　自然风光的拍摄	4	
项目三 人像摄影	学习任务一　人像摄影的分类	2	12
	学习任务二　人像摄影的拍摄技巧	4	
	学习任务三　人物形象照的拍摄	6	
项目四 商品摄影	学习任务一　商品摄影基础知识	2	14
	学习任务二　商品摄影的流程	4	
	学习任务三　商品摄影实践	8	
项目五 运动摄影	学习任务一　运动摄影的分类与基础	2	12
	学习任务二　运动摄影的技巧	4	
	学习任务三　田径比赛的拍摄	6	
项目六 新闻性专题拍摄	学习任务一　新闻性专题的拍摄手法	2	14
	学习任务二　新闻性专题的拍摄技巧	4	
	学习任务三　学术会议专题的拍摄	8	
项目七 纪实性专题拍摄	学习任务一　纪实性专题的拍摄特点	2	12
	学习任务二　纪实性专题的拍摄技巧	4	
	学习任务三　学院专业宣传片的拍摄	6	
项目八 广告性专题拍摄	学习任务一　广告性专题的拍摄特点	2	12
	学习任务二　广告性专题的拍摄技巧	4	
	学习任务三　企业产品宣传片的拍摄	6	
项目九 摄影摄像新技术的发展	学习任务一　360° 全景摄影	2	6
	学习任务二　无人机拍摄	2	
	学习任务三　全息摄影	2	

目录

项目一
数字画面的拍摄技术

学习任务一　数字摄影与摄像概述

学习任务二　数码相机的使用

学习任务三　数码摄像机的使用

数字摄影与摄像概述

教学目标

（1）专业能力：了解数字摄影与摄像的技术原理、发展历程、优势和特性。

（2）社会能力：能够关注数字摄影与摄像技术的发展趋势，运用数字摄影与摄像技术进行有效的信息传播和艺术创作。

（3）方法能力：具备自主学习能力和创新能力，不断探索数字摄影与摄像的新应用和新技术。

学习目标

（1）知识目标：了解数字摄影的产生、发展、优势，数字摄像的特性等。

（2）技能目标：把握数字摄影与摄像的未来发展趋势。

（3）素质目标：培养学习兴趣和求真务实的学习习惯。

教学建议

1. 教师活动

教师通过讲解数字摄影与摄像的相关知识，引导学生进行讨论，激发学生的技术探究欲与分析欲，提升学生的专业素养。

2. 学生活动

学生认真学习数字摄影与摄像的技术原理，积极参与讨论，与同学交流分享经验和心得。

一、学习问题导入

在科技飞速发展的时代，数字摄影与摄像以其独特的魅力改变着我们的生活。从早期的简单设备到如今的高像素、多功能集成设备，它们经历了怎样的发展历程？让我们一同走进数字摄影与摄像的世界，探寻它们背后的精彩故事。

二、学习任务讲解

1. 数字摄影

数字摄影是指使用感光元件 CCD(charge-coupled device,电荷耦合器件)或 CMOS(complementary metal oxide semiconductor,互补金属氧化物半导体)代替传统胶片,并以数字形式存储和处理图像的技术。它的产生与发展是科技进步的结果,给摄影领域带来了巨大的变革。

（1）数字摄影的产生。

20 世纪 50 年代，随着计算机技术的发展，数字图像处理开始出现。最初的数字摄影设备主要用于科研和军事领域，这些设备体积庞大、价格昂贵，且图像质量较低。

1975 年，美国柯达公司的工程师史蒂文 · 萨森（Steven Sasson）发明了世界上第一台数码相机，拍摄了世界上第一张数码照片，如图 1-1、图 1-2 所示。这台相机使用电荷耦合器件作为图像传感器，能够将光线转化为数字信号，并存储在磁带上。虽然这台相机的分辨率只有 1 万像素，拍摄一张照片需要 23 秒，但它标志着数字摄影时代的开始。

图 1-1 史蒂文 · 萨森和第一台数码相机

图 1-2 世界上第一张数码照片

（2）数字摄影的发展历程。

①早期发展阶段（1975 — 1990 年）。

1981 年，索尼公司在经过不断的技术积累后推出了第一台针对民用市场的不用感光胶片的电子相机——马维卡（MAVICA）。该相机使用了 10 mm × 12 mm 的 CCD 感光薄片，分辨率为 570 × 490 像素，首次将光信号改为电信号进行传输。

在这一阶段，松下、富士、奥林巴斯、佳能、尼康等公司纷纷开始研制数码相机，但数码相机的价格仍然非常昂贵，只有少数专业人士和科研机构能够使用。同时，数字图像的存储和处理技术也在不断发展，出现了各种数字图像存储格式，如 TIFF、JPEG 等，以及数字图像编辑软件，如 Adobe Photoshop 等。

②快速发展阶段（1990 — 2000 年）。

随着半导体技术的飞速发展，数码相机的成本不断降低，分辨率和图像质量也有了显著提高。1991 年，柯达公司推出了集成度更高、兼容性更好、操控界面更友好的 DCS100 数码相机，首次确立了数码相机的一般模式，并将该模式确立为业内标准，如图 1-3 所示。1995 年，卡西欧推出了世界上第一台轻薄型便携数码相机（QV-10A），标志着数码相机开始进入消费市场，如图 1-4 所示。

这一时期，数码相机的功能越来越丰富，如自动对焦、自动曝光、闪光灯等。同时，数字图像的传输和分享也变得更加方便，出现了各种数字图像传输协议和在线照片分享平台。

图 1-3 柯达 DCS100 数码相机

图 1-4 卡西欧第一款轻薄型便携数码相机（QV-10A）

③成熟阶段（2000 年 至今）。

进入 21 世纪，数字摄影技术已经非常成熟。2004 年，数码相机的分辨率已经达到了 800 万像素，其拍摄的图像质量可以与传统胶片相机相媲美。同时，数码相机的价格也越来越便宜，成为大众消费品。2018 年，数码相机已经达到 5000 万像素，光学变焦已经达到 30 倍。

智能手机的普及对数字摄影产生了巨大的影响，人们可以使用智能手机随时随地进行拍摄和分享。同时，数字摄影的应用领域也在不断扩大，如商业摄影、新闻摄影、艺术摄影等。

（3）数字摄影的优势。

①即时性。

数码相机可以立即查看拍摄的照片，让拍摄者能够及时调整拍摄参数，确保拍摄出满意的照片。而传统胶片相机需要等待胶片冲洗后才能看到照片，这需要数小时甚至数天的时间。

②灵活性。

数字照片可以方便地进行编辑和处理，如调整色彩、对比度、亮度等。人们可以使用各种数字图像编辑软件，如 Adobe Photoshop、Lightroom 等，来实现自己的创意。而传统胶片相机拍摄的照片需要通过暗房技术进行处理，这需要一定的专业知识和技能。

③存储和分享方便。

数字照片可以存储在各种数字存储设备中，如硬盘、存储卡、云盘等。人们可以随时随地访问和分享照片，而传统胶片相机拍摄的照片需要通过冲印才能进行存储和分享。

④成本低。

数码相机的成本相对较低，而且不需要购买胶片和冲印照片，这可以节省大量的费用。此外，数字照片的存储和分享也不需要额外的费用，而传统胶片相机拍摄的照片需要支付冲印费用。

⑤复制的无限性和保存的永久性。

数字画面是以数字文件形式存在的，在复制时只要文件数据不被破坏，复制后的画面就与原件完全一样。同时，保存在各类存储介质中的数字画面只要介质完好就可以永久保存。

2. 数字摄像

数字摄像是使用设备把光学图像信号转变为电信号，以便于存储或者传输。概括来说，摄影是一种静态的影像记录过程，摄像是一种连续的、动态的影像记录过程。

与数字摄影相比，数字摄像有以下特性。

（1）知识传播性。

视频是传播知识的有效途径之一，各学科知识都可以通过电影、纪录片、教学视频等形式进行广泛的传播。

（2）艺术全面性。

视频还可以与其他艺术形式相结合，使艺术形式更加丰富、全面。

（3）大众娱乐性。

目前，电影、电视剧或短视频都可以用数码设备拍摄，生动的摄像作品具有更强的娱乐性，深受各年龄段受众的喜爱。

3. 数字摄影与数字摄像的区别

（1）时间线。

摄影是将时间定格，留住美好的瞬间，而摄像则是延续这一瞬间，传达更多内容。摄影局限于相框内，摄像则可以通过运动打破局限性。摄像与摄影的主要区别就是摄像多出一条时间线，而时间线就是摄像的核心。

（2）动静区别。

摄影拍出的图片是静止的画面，而摄像得到的是运动的视频。摄像时，移动镜头，可以让画面更具节奏感，让视频内容更具表现力。

（3）立体层次。

摄影者可以让主体在照片中突出，摄像者则可通过改变前后景来表现主次关系，进而让画面变得立体。另外，摄像者还可以通过改变光影及色彩来塑造画面的立体感。

（4）声画结合。

摄像是画面与声音的结合。拍摄后，人们制作视频时可以为视频添加配音及配乐，这样可以让视频更有吸引力。

（5）故事表现。

优秀的摄影作品往往注重画面美感的表现，而摄像作品更注重将故事内容在有限的时长之内进行展现，突出完整性。

4. 数字摄影与摄像的发展趋势

（1）更高的分辨率。

数字摄影与摄像设备能够捕捉到更高分辨率的图像和视频，为观众带来更清晰、更逼真的视觉体验。在影视制作、广告拍摄等领域，高分辨率素材能够提供更多的细节和更广阔的创作空间。

（2）更广的色域和更高的动态范围。

数字摄影与摄像设备将能够呈现更宽广的色域，更接近人眼所能看到的颜色范围，色彩还原得更加准确。同时，高动态范围（high dynamic range，HDR）技术将不断发展，使画面能保留丰富的细节，增强画面的层次感和真实感。

（3）自动对焦和曝光技术进一步改进。

自动对焦系统将变得更加智能，能够准确地跟踪运动物体，实现连续、精准的对焦。曝光系统将根据场景的变化自动调整参数，确保画面的亮度和对比度始终处于最佳状态，摄影（像）师可以更加专注于创作和构图。

（4）智能场景识别和参数推荐。

数字摄影与摄像设备将通过人工智能算法自动识别拍摄场景，如风景、人像、夜景等，并根据场景特点推荐拍摄参数，即使是摄影新手，也能轻松拍摄出高质量的作品。

（5）智能后期处理。

人工智能在后期处理中的应用将更加广泛，软件可以自动对照片和视频进行色彩校正、降噪、剪辑等操作，提高后期处理的效率和质量。同时，人工智能还可以根据用户的喜好和风格，自动生成特效和滤镜，为作品增添创意。

（6）计算摄影技术普及。

计算摄影技术将成为数字摄影与摄像的重要发展方向。其通过多帧合成、深度学习等算法，能够实现超高分辨率、夜景增强、背景虚化等效果，突破传统摄影与摄像设备的物理限制。例如，一些手机已经应用了计算摄影技术，在弱光环境下也能拍摄出清晰、明亮的照片。

数字摄影与摄像的发展是科技进步的结果，它给摄影与摄像领域带来了巨大的变革。未来，数字摄影与摄像技术将不断进步，为人们带来更加精彩的体验。

三、学习任务小结

通过本次任务的学习，同学们知道了数字摄影的产生与发展历程，数字摄像与数字摄影的区别，还了解了数字摄影与摄像的发展趋势等。

四、课后作业

（1）比较不同类型数字摄影与摄像设备的特点，并举例说明其适用场景。

（2）分析数字摄影和数字摄像在艺术表现上的异同点。

数码相机的使用

教学目标

（1）专业能力：能理解数码相机的基本构造和功能，掌握数码相机的基本操作方法，学会使用数码相机进行基本的拍摄。

（2）社会能力：掌握数码相机的基本操作方法及曝光参数的设置；收集各类优秀的摄影作品，能运用所学的拍摄知识分析各类摄影作品的参数设置及拍摄技巧，能口头表述摄影作品的构图和传递的情感，并能根据不同的场景独立完成摄影作品的拍摄。

（3）方法能力：提高收集信息和资料的能力、摄影作品赏析能力。

学习目标

（1）知识目标：能够理解数码相机的基本构造和操作方法。

（2）技能目标：能熟练操作数码相机拍摄照片。

（3）素质目标：能提高观察能力，提高艺术修养，具备团队协作能力和语言、情感表达能力，培养综合职业能力。

教学建议

1. 教师活动

（1）教师通过讲解数码相机的基本构造和功能，让学生对数码相机有基本的了解。

（2）教师通过展示摄影作品，并且分析其中相机参数的设置技巧，提升学生的审美素养与对摄影作品的分析能力，激发学生的艺术想象力。

（3）教师现场演示数码相机的操作方法，让学生直观地了解数码相机的使用方法，并指导学生开展拍摄实训。

2. 学生活动

学生分组进行数码相机基本操作练习，训练自己的动手能力和艺术表达能力。

一、学习问题导入

随着数字摄影与摄像技术的飞速发展，摄影已经从专业领域走进了普通人的生活。当代数码相机操作简便、功能强大，极大地简化了捕捉生活精彩瞬间的过程。然而，拥有高端数码相机，并不意味着能够拍出高质量的照片。要想充分发挥这些设备的潜力，我们必须深入学习数码相机的使用方法。

接下来我们将学习数码单反相机的结构与原理、数码单反相机的组成、数码单反相机的持机姿势、数码单反相机的拍摄参数设置等内容。掌握数码相机的使用方法不仅能提高个人的摄影技能，而且能增强艺术表达能力，培养创意思维。

二、学习任务讲解

1. 数码单反相机的结构与原理

（1）数码单反相机的结构。

数码单反相机是一个内置光敏传感器、存储介质、电子元件及电源的密封式不透光设备。在按下快门进行拍摄的时候，快门帘打开，光线通过镜头聚焦在传感器上，其曝光量由光圈来调节。传感器捕捉到的光线信号随后由图像处理器进行转换处理，最终生成的图像数据被记录到存储卡上。

（2）数码单反相机的摄影原理。

光线通过镜头到达反光镜后，折射到上面的对焦屏并形成影像。通过五棱镜，我们可以在取景器中观察到与实际拍摄场景相同的影像，如图 1-5 所示。

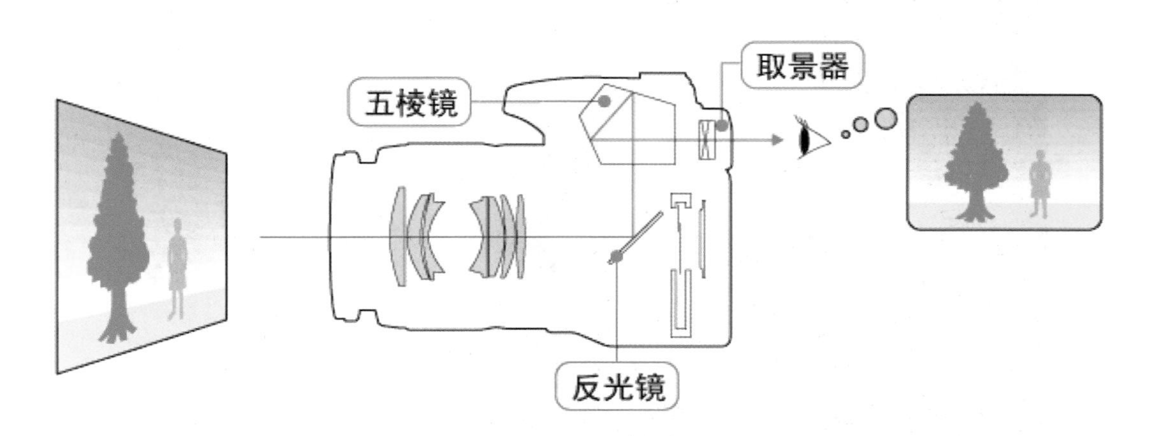

图 1-5 按下快门按钮前的状态

在按下快门按钮的同时，反光镜迅速向上翻起，光线直接落在感光元件上，同时快门打开，通过镜头的光线投射到感光元件上感光，然后反光镜和快门单元立即恢复原状，我们在取景器中可以再次看到影像，如图 1-6 所示。

（3）感光元件。

感光元件是数码相机的核心部件，主要负责将接收到的光线转换为电信号，是实现数字成像的关键。在数码相机中，感光元件相当于传统胶片相机中的胶卷，其作用是将通过镜头聚焦在感光面上的光线转换为电信号。

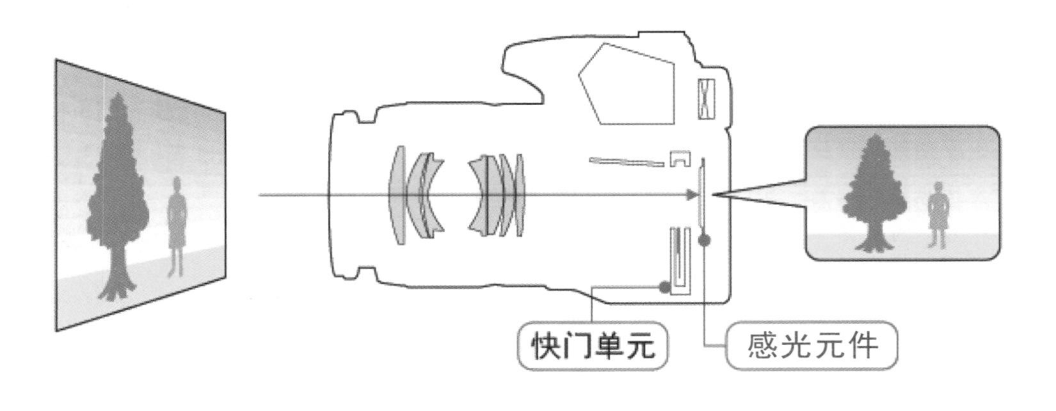

图 1-6 按下快门按钮后的状态

这一过程是通过大量的像素（微小感光单元）来实现的，每个像素都能够将接收到的不同强度的光线转换成相应的电信号。这些电信号随后被相机内部的处理器处理，最终形成数字图像文件。

感光元件主要分为 CCD 和 CMOS 两大类。CCD 是早期数码相机常用的图像传感器，具有噪声低、成像质量好的特点，但成本较高、工艺复杂。相比之下，CMOS 具有成本低、功耗低、易于集成的优点，因此在当前的数码相机市场中更为常见。

感光元件堪称数码相机的“心脏”，其重要性不言而喻，它决定了相机的成像质量和拍摄性能，如图 1-7 所示。

图 1-7 感光元件

2. 数码单反相机的组成

数码单反相机由机身和镜头两部分组成。

机身是数码单反相机的主体，负责承载各个部件，主要部件包括快门、反光镜、镜头、感光元件、图像处理器，如图 1-8 所示。数码单反相机可以更换不同规格的镜头，满足不同的摄影需求。

图 1-8 数码单反相机结构图
①快门； ②反光镜； ③镜头； ④感光元件； ⑤图像处理器

3. 数码单反相机的持握姿势

持握姿势对于拍摄稳定性、舒适度及最终图像的清晰度都至关重要。在摄影过程中，掌握基本的持握姿势不仅可以减少抖动，提高照片质量，还能使长时间拍摄变得更加轻松。

（1）基本持握姿势。

右手握住相机的握把，以稳固相机。左手则应支撑在镜头下方，帮助平衡相机重量并稳定镜头。双肘夹紧身体，可以将相机背带挂在脖子上或缠绕在手腕上，增加额外的安全保护，如图 1-9 所示。

图 1-9 数码单反相机的基本持握姿势

（2）使用取景器的方法。

使用取景器进行拍摄时，拍摄者可以通过取景器清晰地预览图像及查看相关的摄影参数。取景时，确保眼睛紧贴取景器眼罩，这样可以获得更好的观察视角并减少外界光线的干扰。

（3）站姿拍摄。

站姿拍摄时，双脚应与肩同宽，双肘应夹紧身体，正确的站姿拍摄能减少因手抖或身体晃动引起的影像模糊，还能减少长时间拍摄带来的身体疲劳，如图 1-10 所示。

（4）蹲姿拍摄。

当拍摄人物全身照时，拍摄者选择一个较低的角度可以更好地展现被摄人物的身材比例，使其身形更显修长。拍摄者可以采用单腿跪地的姿势拍摄，右膝着地，左肘支撑在左膝上，为相机提供稳固的支撑，如图 1-11 所示。

图 1-10　站姿拍摄

图 1-11　蹲姿拍摄

（5）实时显示拍摄。

进行实时显示拍摄时，如果身体与相机距离太远，容易导致相机抖动。拍摄时应双肘夹紧身体，一手支撑镜头底部，另一手握住相机侧面，减少由手抖造成的画面模糊，如图 1-12 所示。

图 1-12　实时显示拍摄

4. 数码单反相机的拍摄参数设置

在数码单反相机的拍摄过程中，关键参数（如光圈、快门速度、感光度、测光模式、曝光模式、色温和白平衡等）对最终照片的效果有着决定性的影响。

（1）光圈。

光圈位于镜头内部，由多个金属叶片组成，金属叶片可以开合，形成一个可变的圆形孔径，这个孔径的尺寸决定了透过镜头进入感光元件的光线数量。光圈的大小直接影响照片的曝光量和景深效果，光圈值用“f/ 数字”表示，例如 f/2.8、f/8、f/16、f/32 等。这些值实际上是系数，而非具体孔径尺寸，它们与光圈的孔径尺寸及镜头到感光元件的距离有关。光圈越小（即 f 值越大），景深越深；光圈越大（即 f 值越小），景深越浅。在拍摄人物或花卉时，常用大光圈以虚化背景、突出主体，而在拍摄风景时则倾向于使用小光圈以保持全景清晰。如图 1-13 所示，光圈越大，进光量越多；光圈越小，进光量越少。如图 1-14 所示，光圈越大，背景越模糊；光圈越小，背景越清晰。

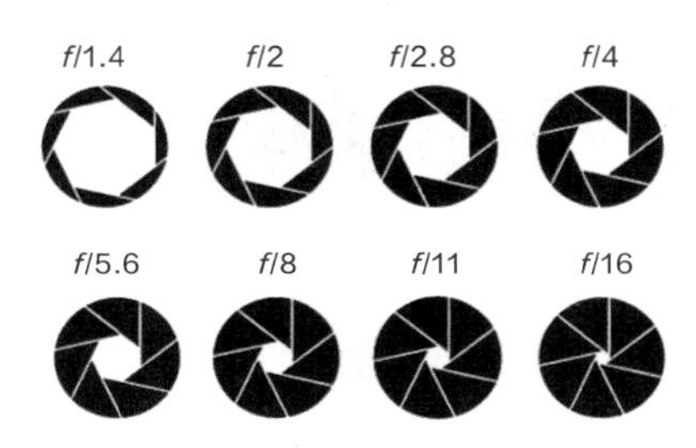

图 1-13　光圈越大，进光量越多；光圈越小，进光量越少

光圈 f/2　　光圈 f/4　　光圈 f/6　　光圈 f/11

图 1-14　光圈越大，背景越模糊；光圈越小，背景越清晰

（2）快门速度。

快门用于控制光线进入相机的时间长度，进而影响照片中动态对象的表现形式。快门位于相机的感光元件前，通常由两片具有遮光性的幕帘组成（前帘和后帘），控制其开合可以调节曝光时间。在成像过程中，快门速度直接影响照片的明暗度。

快门速度是摄影中用于控制相机感光元件曝光时间的重要参数。它表示快门从完全开启到完全关闭的时间长度，通常以秒为单位标记，如 1 秒、1/2 秒、1/4 秒等。在拍摄过程中，先半按快门进行自动对焦，然后完全按下快门捕捉画面。这种分步操作有助于确保照片的清晰度和对焦的准确性。快门速度从较慢的 30 秒、15 秒逐渐加快到 1/2000 秒、1/4000 秒等。80 秒是许多相机允许直接设置的最慢快门速度。超过 30 秒的长时间曝光可以使用 B 门模式（即手控快门，快门速度完全由拍摄者按下快门的时间长度决定）。

为了减少在极长曝光时相机振动带来的影响，一般使用快门线来控制快门的开启和关闭，从而避免手按快门引起的成像模糊。高速快门能够捕捉高速运动的物体，如奔跑中的运动员、飞行中的鸟类等，将其瞬间定格在画面中；低速快门则适合拍摄如流水、烟花等需要记录连续运动轨迹的场景，通过长曝光时间展现动态美感，如图 1-15 所示。

图 1-15 快门速度慢和快门速度快的不同效果

影响快门速度的要素如下。

①光圈。光圈直接影响通过镜头进入相机的光线量，从而间接影响快门速度。光圈越大（数值越小），进光量越多，快门速度越快；反之，光圈越小（数值越大），进光量越少，需要较慢的快门速度来增加曝光量。

②感光度。感光度会影响相机传感器对光线的敏感程度，从而影响快门速度。感光度越高，传感器对光线越敏感，快门速度越快。

③曝光补偿。当增加曝光补偿时，相机会相应减慢快门速度（或增大光圈、提高感光度），从而使照片更亮；反之，减少曝光补偿会加快快门速度（或缩小光圈、降低感光度），照片相对变暗。

（3）感光度。

感光度是衡量相机感光元件对光线敏感程度的标准，以 ISO 值来表示，如 ISO 100、ISO 200 等。感光度直接影响相机对光照条件的适应能力和照片的画质。当环境光线较暗时，提高感光度意味着提升相机捕捉光线的能力，使拍摄者能够在低光照条件下进行有效拍摄。高感光度带来的噪点问题不容忽视，会降低画面清晰度和纯净度。因此，在实际操作中，我们应尽可能选择较低的感光度，以保证画质达到最佳。不同感光度的噪点对比如图 1-16 所示。

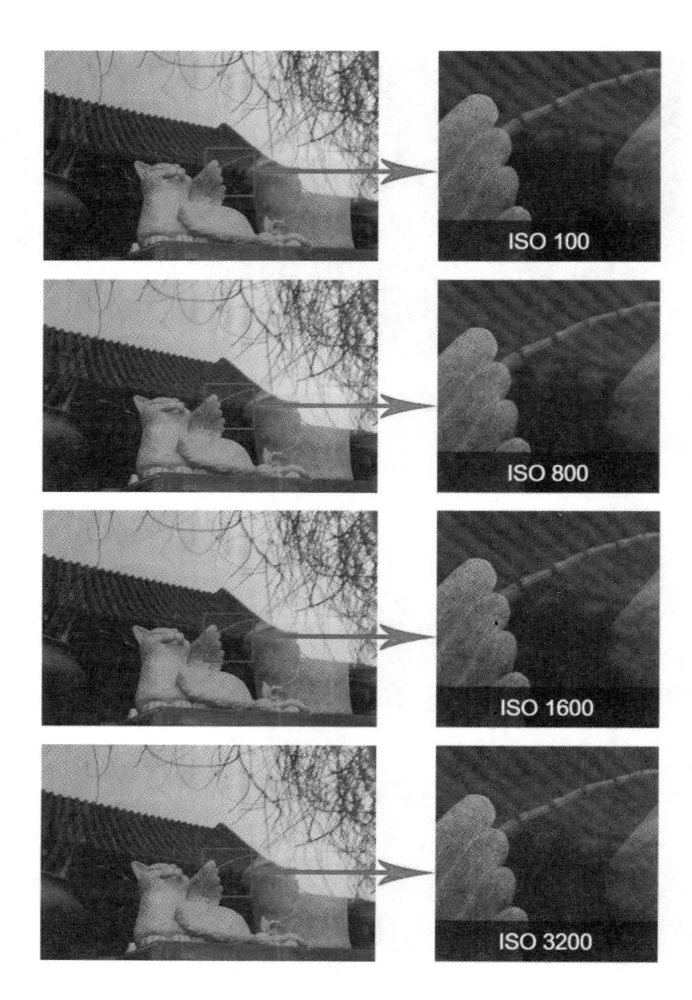

图 1-16 不同感光度的噪点对比

（4）测光模式。

测光是实现正确曝光的过程，通过测量光线强度来设置合适的相机参数，从而获得理想的照片。在摄影中，曝光是指相机感光元件接收光线的过程，而测光正是为了确定合适的曝光量。测光系统通过测量场景中的光线强度，为相机提供推荐的曝光参数。目前市场上的数码单反相机的测光模式越来越多，如评价测光、局部测光、点测光、中央重点测光等，如图 1-17 所示。

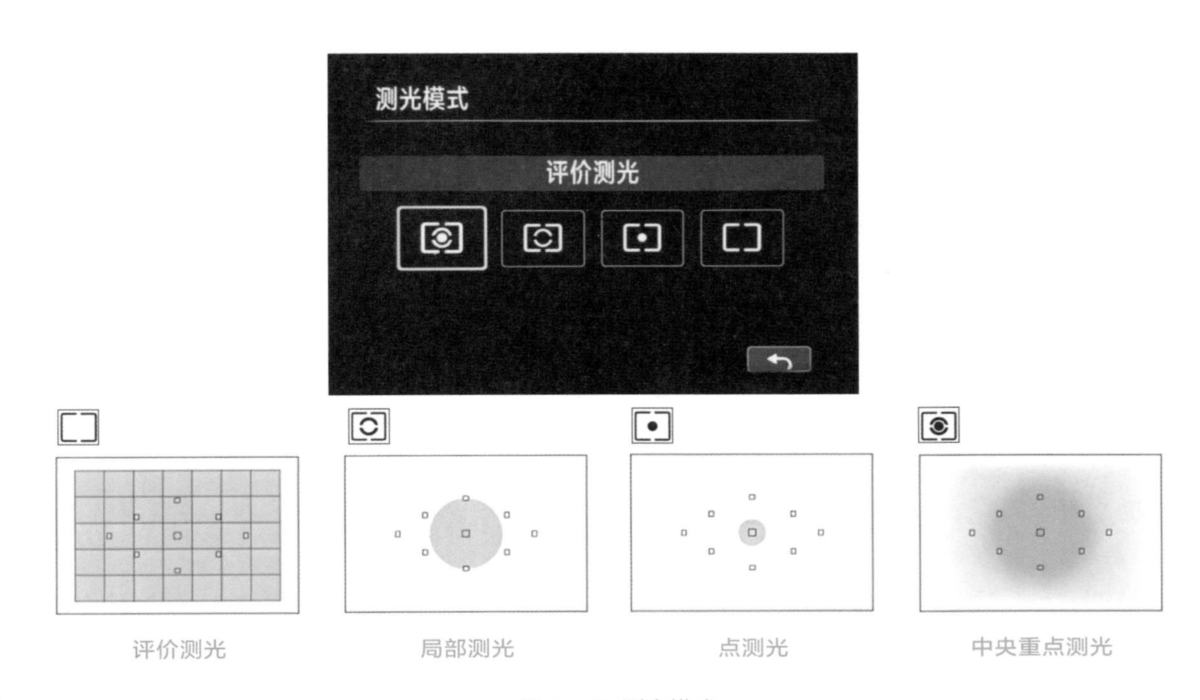

图 1-17　测光模式

①评价测光。这是大多数相机默认的测光模式。评价测光将整个场景划分为多个区域，分别进行测光后计算出一个整体曝光值。这种模式适用于光线分布较均匀的场景，如风景照和集体照等。

②局部测光。局部测光测量范围介于点测光和中央重点测光之间，通常覆盖取景器中央约 6% 的区域。这种模式在逆光或局部光照条件下表现良好，适合拍摄明暗对比较强的特定主体。

③点测光。这是一种更为精准的测光模式，仅测量画面中心约 2% 的区域。点测光适用于明暗对比强烈的场景，如逆光人像或剪影拍摄。

④中央重点测光。此模式主要针对画面中央区域进行测光，但也会考虑四周的亮度。当主体位于画面中央且与背景明暗对比较大时，这种模式能够较好地平衡主体和背景的曝光。

（5）曝光模式。

曝光模式包括光圈优先模式（佳能相机拨盘显示为“AV”，尼康相机拨盘显示为“A”）、快门优先模式（佳能相机拨盘显示为“TV”，尼康相机拨盘显示为“S”）、程序自动模式（P）和手动模式（M）。这些模式决定了如何调整相机的光圈、快门速度和感光度，从而影响照片的曝光和视觉效果。

①光圈优先模式。在此模式下，摄影师手动选择一个光圈值，相机会自动选择合适的快门速度进行曝光。这样，我们可以更好地控制景深，即画面中清晰区域与模糊区域的比例。例如，选择较大的光圈可以实现背景虚化，突出主体；而选择较小的光圈能使整个画面保持清晰。

②快门优先模式。在此模式下，相机根据光线条件自动调节光圈值。这种模式适合拍摄动态场景，通过调整快门速度来表现不同的运动效果。

③程序自动模式。在此模式下，相机自动调整光圈值和快门速度，但仍能手动调整其他参数（如 ISO 和白平衡）。拍摄时，相机会根据现场光线提供一种或多种合适的曝光组合。

④手动模式（M）。拍摄者需要自行调整光圈值、快门速度和感光度。这种模式适合有摄影经验的人，因为它能够精确地实现创意和满足技术需求。例如，特定场合下需要固定光圈值和快门速度时，手动模式提供了较大的灵活性。

（6）色温与白平衡。

色温是指光源发光时所显现的颜色与一个绝对黑体在高温燃烧时所显现的颜色相一致时的温度，色温单位为 K。在日常生活中，人们常用色温来描述光源的颜色特性。例如，蜡烛光的色温大约为 1930 K，呈现出暖黄色；而阴影下的日光的色温高达 6500 K，呈现冷蓝色。色温值越大，光线中的蓝色光成分就越多；色温值越小，光线中的红色光成分就越多。常见光源色温如图 1-18 所示。

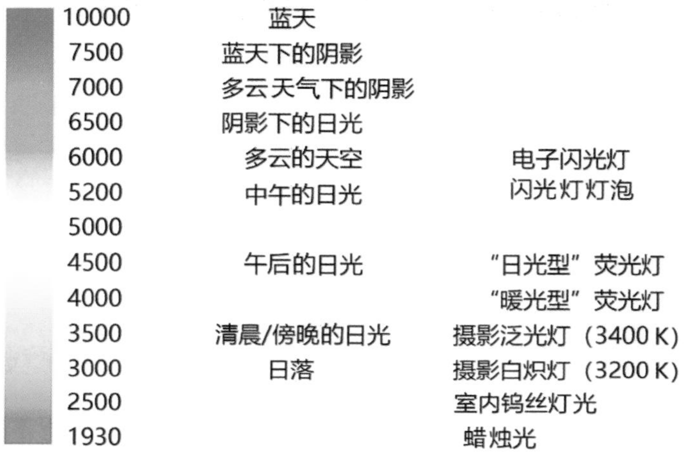

色温		
10000	蓝天	
7500	蓝天下的阴影	
7000	多云天气下的阴影	
6500	阴影下的日光	
6000	多云的天空	电子闪光灯
5200	中午的日光	闪光灯灯泡
5000		
4500	午后的日光	“日光型”荧光灯
4000		“暖光型”荧光灯
3500	清晨/傍晚的日光	摄影泛光灯（3400 K）
3000	日落	摄影白炽灯（3200 K）
2500		室内钨丝灯光
1930		蜡烛光

图 1-18 常见光源色温（单位：K）

白平衡是相机对光线色温的校正功能，使现实中的白色物体在不同光源下都能呈现为纯白色，从而保证其他颜色能得到准确呈现。在摄影中，大多数人都将白平衡设置为自动白平衡，这种设置基本满足日常拍摄需求。

在复杂多变的光线下，自动白平衡可能会出现失误，这就需要我们手动校正来达到理想的效果。有时为了创造特定的视觉效果，可以调整白平衡以产生偏色效果。例如，为了使画面呈现暖色调，可以手动调高白平衡的色温值，如图 1-19 所示，白平衡数值越低，画面越偏蓝，白平衡数值越高，画面越偏红。

图 1-19 设置不同白平衡数值的画面对比

三、学习任务小结

通过本次任务的学习，同学们初步了解了数码单反相机的结构与原理，光圈、快门和感光度的作用，以及它们如何影响照片的亮度；了解了白平衡对保证照片色彩准确性的重要性；通过实际操作，对相机的各种功能和参数有了更深入的了解，能够高效调整相机参数。

同时，同学们欣赏了部分经典的优秀摄影作品，提高了自身的艺术修养。课后，同学们要多欣赏优秀的摄影作品，分析其光线、色彩、构图及传递的情感，全面提高自己的艺术审美能力。

四、课后作业

（1）拍摄运动画面 2 ~ 3 幅，尝试使用不同的快门速度来捕捉动态画面和创造运动模糊效果，提交原图和拍摄参数。

（2）在不同的光源下拍摄同一场景，使用自动白平衡和手动设置白平衡拍摄 4 幅摄影作品，比较照片的色彩差异，提交原图和拍摄参数。

（3）设置不同的光圈值，拍摄 2 ~ 3 幅照片来展示景深的变化，提交原图和拍摄参数。

数码摄像机的使用

教学目标

（1）专业能力：掌握数码摄像机的工作原理和结构组成；熟悉数字摄像的准备工作、基本要领、持机方式和注意事项；学会对数码摄像机进行维护与保养。

（2）社会能力：掌握数字摄像的团队合作技巧，与团队成员合作进行拍摄训练，提高沟通和协作能力。

（3）方法能力：提高信息和资料收集能力、自主学习能力及应用能力。

学习目标

（1）知识目标：了解数码摄像机的工作原理、结构组成和性能特点；掌握数字摄像的准备工作、基本要领、持机方式和注意事项；熟悉数码摄像机的维护与保养方法。

（2）技能目标：能正确使用数码摄像机进行拍摄、存储和传输视频数据；掌握数字摄像的基本要领，能拍摄出清晰、稳定、美观的画面；能根据不同的拍摄需求，选择合适的持机方式和拍摄方法。

（3）素质目标：增强责任心和团队合作精神，确保拍摄任务顺利完成；养成良好的职业习惯，保护拍摄对象的隐私和权益。

教学建议

1. 教师活动

（1）讲解数码摄像机的工作原理、结构组成和性能特点，通过实物展示和案例分析，帮助学生理解和掌握相关知识。

（2）演示数字摄像的准备工作、基本要领、持机方式和注意事项，让学生进行实际操作和练习，及时纠正错误和不足。

（3）讲解数码摄像机的维护与保养知识，指导学生进行设备维护和管理，延长设备的使用寿命。

2. 学生活动

（1）认真听讲，积极参与课堂讨论和互动，提出问题和疑惑，与教师和同学进行交流和探讨。

（2）进行实际操作和练习，按照教师的要求和指导，掌握数码摄像机的操作方法和拍摄技巧，不断提高自己的实践能力。

（3）学习数码摄像机的维护与保养知识，定期对设备进行检查和维护，确保设备的正常运行，延长使用寿命。

一、学习问题导入

在当今数字化时代，影像记录已经成为我们生活中不可或缺的一部分。无论是记录珍贵的家庭瞬间、拍摄精彩的旅行见闻，还是进行专业的影视创作，数码摄像机都扮演着重要的角色。那么，在使用数码摄像机的过程中，又有哪些技巧可以帮助我们拍摄出更加精彩的画面呢？让我们一起开启数码摄像机的使用之旅，探索问题的答案吧！

二、学习任务讲解

1. 数码摄像机的工作原理与结构组成

数码摄像机的工作原理：数码摄像机的光学变焦镜头捕获来自被摄物反射的光线，并将其聚焦成清晰的画面；经过聚焦的光线照射到图像传感器上，光能被转换成相应的电荷；电流通过模数转换器（analog to digital converter,ADC）后被转换成一系列的数字信号，该数字信号随后被送到编码解码器；编码解码器利用压缩算法压缩各帧的位数，压缩后的信号连同音频接口电路输出的数字音频信号被写入磁介质，组成完整的视音频信息。数码摄像机工作原理如图 1-20 所示。

数码摄像机通常由镜头系统、图像传感器、信号处理系统、存储系统、显示屏和取景器、控制按钮和操作界面、电池和电源系统等组成。

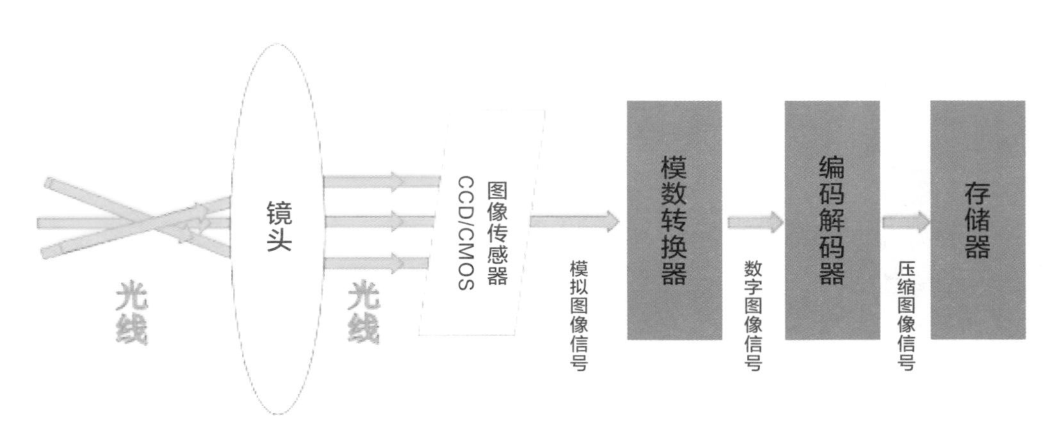

图 1-20 数码摄像机工作原理

（1）镜头系统。

①镜头是数码摄像机采集光线的主要部件，负责将外界的景物成像在摄像机的图像传感器上，它就像摄像机的眼睛。不同类型的镜头有不同的焦距、光圈、视角等参数，可以满足不同的拍摄需求。

a. 变焦镜头通过调整焦距来改变拍摄的视角范围，从广角到长焦，适用于拍摄不同距离和大小的景物，如图 1-21 所示。

b. 定焦镜头具有固定的焦距，通常具有较大的光圈和较高的成像质量，适用于拍摄特定场景或追求特定的艺术效果。

②光圈控制进入镜头的光线量，通过调整光圈大小可以改变画面的亮度和景深。较大的光圈可以让更多的光线进入，使画面更亮，同时也可以产生较浅的景深，突出主体；较小的光圈则可以减少光线进入，使画面更暗，

同时也可以产生较深的景深，使画面中的景物更加清晰。

③对焦机构负责调整镜头的焦点，使拍摄的景物更清晰。数码摄像机通常具有自动对焦（AF）和手动对焦（MF）两种模式，如图 1-22 所示。自动对焦模式可以实现快速对焦，但在某些情况下可能会出现对焦不准确的情况，此时可以使用手动对焦模式进行调整。

图 1-21 SONY 变焦镜头

图 1-22 自动对焦 / 手动对焦切换按钮

（2）图像传感器。

图像传感器是数码摄像机的核心部件，负责将镜头采集的光线转换为电信号，从而形成数字图像。目前常见的图像传感器有 CCD 图像传感器和 CMOS 图像传感器。

① CCD 图像传感器具有较高的图像质量和色彩还原度，低噪声，但相对来说耗电量较大，且在高感光度下表现不如 CMOS 传感器。

② CMOS 图像传感器具有功耗低、成本低、集成度高的优点。CMOS 图像传感器在高感光度下的表现较好，目前已经成为数码摄像机的主流图像传感器。

（3）信号处理系统。

信号处理系统负责对图像传感器输出的电信号进行处理，包括放大、模数转换、降噪、色彩校正等操作，从而形成高质量的数字图像。信号处理系统的性能直接影响到数码摄像机的图像质量和功能。

（4）存储系统。

存储系统用于存储数码摄像机拍摄的图像和视频数据。常见的存储介质有磁带、硬盘、存储卡等。

（5）显示屏和取景器。

①显示屏。数码摄像机通常配备有液晶显示屏，可以实时显示拍摄的画面，方便用户进行取景、构图和调整参数。显示屏的大小和分辨率不同，较大的显示屏可以提供更好的观看体验，但也会增加摄像机的体积和重量。

②取景器。除了显示屏外，数码摄像机还可以配备取景器，用于在强光下或其他不便于使用显示屏的情况下取景。取景器通常具有较高的分辨率和对比度，可以显示清晰的画面。

（6）控制按钮和操作界面。

数码摄像机的控制按钮和操作界面用于设置和调整摄像机的各种参数，如分辨率、帧率、曝光模式、白平衡、对焦模式等。控制按钮的布局应简洁明了、易于操作。

（7）电池和电源系统。

电池和电源系统为数码摄像机提供电力支持。数码摄像机通常使用可充电电池，不同型号的摄像机电池容量和续航时间不同。在使用数码摄像机时，拍摄者需要注意电池电量的剩余情况，及时充电或更换电池，以确保拍摄顺利进行。同时，数码摄像机也可以通过外接电源适配器进行供电，适用于长时间拍摄或在固定场所使用的情况。

2. 数码摄像机的分类

数码摄像机种类繁多，分类方法也多种多样，通常可以按照存储介质、传感器类型、使用场景、成像质量进行分类。

（1）按存储介质分类。

①磁带式数码摄像机。

磁带式数码摄像机在数码摄像机发展早期较为常见，使用磁带（如 Mini DV 磁带）作为存储介质，如图1-23所示。

磁带式数码摄像机的优点是成本相对较低，存储容量较大且较为稳定。缺点是后期采集和处理图像相对烦琐，需要通过视频采集卡将磁带上的内容传输到电脑中进行编辑。

②硬盘式数码摄像机。

硬盘式数码摄像机采用内置硬盘作为存储介质，存储容量较大，可以录制较长时间的视频；数据传输方便，可以直接通过 USB 等接口连接电脑传输文件，如图 1-24 所示。

③存储卡式数码摄像机。

存储卡式数码摄像机使用 SD 卡、CF 卡等存储卡存储视频。它小巧轻便，便于携带和更换存储卡，可满足不同拍摄需求，如图 1-25 所示。

图 1-23 磁带式数码摄像机

图 1-24 硬盘式数码摄像机

图 1-25 存储卡式数码摄像机

（2）按传感器类型分类。

① CCD 数码摄像机。

CCD 数码摄像机成像质量和色彩还原度高，噪声低，但耗电量较大，在高感光度下表现不如一些新型传感器。

② CMOS 数码摄像机。

近年来，CMOS 数码摄像机逐渐成为主流，其具有功耗低、成本低、集成度高的优点，在高感光度下的表现较好。

（3）按使用场景分类。

①家用数码摄像机。

家用数码摄像机通常具有自动对焦、自动曝光等功能，功能相对简单，操作容易上手，且价格较为亲民，适合记录家庭生活点滴。

②专业数码摄像机。

专业数码摄像机成像质量更高，手动控制功能更丰富，可以更换不同的镜头，以满足不同的拍摄需求，适用于专业影视制作、新闻采访、广告拍摄等领域。

③特殊用途数码摄像机。

例如，用于安防监控的数码摄像机，具有长时间连续工作、防水、防尘、抗震等特点；用于医疗领域的数码摄像机（如内窥镜摄像机），需要具备高清晰度和特殊的光学性能。

（4）按成像质量分类。

①广播级数码摄像机。

a. 成像特点。广播级数码摄像机具有极高的图像分辨率，能够捕捉到极其细腻的图像细节；色彩还原度高，能够真实地再现各种场景的色彩，无论是鲜艳的色彩还是微妙的色调变化，都能得到准确呈现；在弱光环境下表现出色，噪点控制能力极强，能拍摄出清晰、高质量的画面；动态范围宽广，能够同时记录高光和暗部的丰富细节，不会出现过曝或过黑的区域。

b. 性能优势。广播级数码摄像机配备高端的光学镜头，具有高倍数变焦、大光圈、出色的光学防抖等功能，这类镜头能够提供卓越的光学性能，确保拍摄出的画面清晰、无畸变；机身坚固耐用，能够适应各种复杂的拍摄环境；具备良好的散热性能，可长时间连续工作；拥有丰富的专业接口，如 SDI、HDMI 等，可以方便地与专业的后期制作设备和广播系统连接；同时，还支持多种高级的拍摄模式和参数设置，满足专业广播制作的各种需求。

c. 应用场景。广播级数码摄像机主要用于电视台的新闻采集、体育赛事直播、电视剧和电影的拍摄等专业广播领域。

②专业级数码摄像机。

a. 成像特点。专业级数码摄像机分辨率较高，色彩还原度较高，能够呈现出丰富的色彩层次和细节；在弱光环境下的表现比较出色，噪点控制较好，能够拍摄出相对清晰的画面；动态范围较广，能够记录一定程度的高光和暗部细节，但与广播级数码摄像机相比还有一定差距。

b. 性能优势。专业级数码摄像机通常配备质量较好的光学镜头，具有一定的变焦倍数和光学防抖功能，虽然不如广播级数码摄像机的镜头那么高端，但也能满足大多数专业拍摄的需求；机身较为坚固，具有一定的防水、防尘和抗震性能，能够适应较为复杂的拍摄环境；操作方便，具有较多的手动控制功能，方便专业摄影师进行精细的参数调整。

c. 应用场景。专业级数码摄像机可以用于拍摄商业广告、企业宣传片、纪录片、微电影等，适合专业的影视制作公司、广告公司、纪录片制作团队等使用。

③家用级数码摄像机。

a. 成像特点。家用级数码摄像机分辨率一般为全高清或较低的 4K 分辨率，图像质量相对较低；色彩还原度和对比度表现一般，在复杂光线条件下可能会出现色彩产生偏差和对比度不足的情况；弱光环境下拍摄效果不佳，画面噪点较多，清晰度下降明显；动态范围较窄，难以同时记录高光和暗部的细节，容易出现过曝或过黑的区域。

b. 性能优势。家用级数码摄像机价格相对便宜，操作简单，易于上手；通常具有自动对焦、自动曝光等功能，方便普通用户使用；体积小巧，便于携带，适合家庭旅游、聚会等日常拍摄场景。

c. 应用场景。家用级数码摄像机主要用于记录家庭生活点滴、孩子成长、旅游生活等，可满足普通消费者的日常拍摄需求。

3. 数字摄像的准备工作

在拍摄前，拍摄人员要对使用的器材及附件进行检查。附件主要包括备用电池、存储介质、三脚架等。

（1）熟悉摄像机。

拍摄人员应十分熟悉自己所用的摄像机，这是拍摄的基本要求，具体包括摄像机的特点、性能指标、主要操作方法和控制技巧，特别是要熟悉滤色片、黑白平衡和光圈的调整与设置方法。拍摄人员应根据现场情况将摄像机调至最佳工作状态。

（2）备用电池。

在拍摄前，检查备用电池是确保拍摄顺利进行的重要环节，应确保备用电池电量充足。

在室内小范围移动拍摄时，还可以使用交直流适配器（充电器）将交流电转换为直流电，然后给摄像机供电。

（3）存储介质。

存储介质是记录影像的宝库，拍摄人员在拍摄前必须仔细检查，确保有足够的存储空间来容纳即将拍摄的素材。如果使用存储卡，可以将重要数据备份到其他设备上，然后格式化存储卡，以确保其性能稳定。

（4）三脚架。

三脚架是稳定摄像机的关键工具，在拍摄前的检查不容忽视。①检查三脚架的各个部件是否牢固连接，有无松动或损坏。确保脚管能够稳定地伸展和收缩，锁定机制可靠。②调节三脚架的高度和角度，使其适应不同的拍摄场景。③检查云台的灵活性和稳定性，确保能够准确地调整摄像机的方向。

4. 数字摄像的基本要领

“平、稳、准、清、匀”是数字摄像的基本要领。

（1）平。

平是指所拍摄画面中的水平线要与地平面保持平行，这是拍摄正常画面的基本要求。如果画面中的水平线或垂直线发生歪斜，就会给观众造成某种错觉，这是摄像工作的大忌。

摄像时应调整好三脚架，使三脚架云台处于水平状态。如果三脚架上有水平仪，应使水平仪内的小气泡处于中心位置。肩扛摄像时，拍摄者应当利用画面中景物的垂直或水平线条做参考，使这些线条与寻像器（取景器）的边框平行。俯、仰角度大的镜头是较难保持水平的，但拍摄者仍应注意利用画面中景物的水平和垂直线条来保持画面的水平。另外，拍摄者在摄像过程中要学会用眼睛的余光来观察整个画面，不要只盯住一处，这样不利于取景和主体安排。

（2）稳。

稳是指画面要保持稳定，拍摄时要消除任何不必要的晃动。画面晃动会破坏观众的观赏情绪，影响画面的内容表达，为此，应尽可能用三脚架进行拍摄。若无三脚架或无法使用三脚架，拍摄者应尽量使用广角镜头来摄取画面，以提高画面的稳定性。

当拍摄者手持或肩扛摄像机拍摄时，应将摄像机架稳，以右手为主用力握住摄像机并进行变焦操作，左手操作聚焦环。拍摄者拍摄时，胳膊肘应适当贴近身体，双脚分开站稳，重心要低，呼吸要平稳，这样拍摄到的图像才较为稳定，此外，还可借助身旁的辅助支撑物（如墙壁、树干和桌椅等）进行拍摄。

（3）准。

准主要表现在构图和色彩还原两方面。

①构图要准。

这是对准的要求中最重要的一方面，因为聚焦、光圈、白平衡都有可量化的标准，构图则不同，自动化程度再高的摄像机也无法代替摄像师来取景构图。构图的准包含很多内容，主要有主体、陪体、前景、背景的布局安排，形状、线条、色彩、质感、立体感等构图要素的表现，摄像机位的选择，景别的运用，运动镜头的拍摄，以及起幅、落幅画面的确定。构图准确能使画面更好地表现内容，更富有艺术感染力。

②色彩还原要准。

影响色彩还原的因素主要有两方面：一是摄像机滤色片的选择及黑白平衡的调整；二是景物受到不同色温光源的照射。对于前者，在拍摄前应根据光线条件选择合适的滤色片进行黑白平衡调整；对于后者，拍摄者在摄像时要合理用光，不混用色温不同的光源。

（4）清。

清是力求画面清晰。为了使摄像机拍摄的画面清晰，应保证摄像机镜头清洁。如果摄像机镜头上有灰尘或污垢，应按规定方法仔细清理，即用镜头纸或镜头专用的毛刷、吹风皮囊等专业工具进行清理。

当使用自动聚焦模式不能满足拍摄要求时，要采用手动聚焦模式，对主体和陪体变化的情况要做好记号，最好先试验再拍摄，做到一次到位，使画面主体聚焦清晰。对于有一定景深要求的画面，可进行小光圈、短焦距或远距离拍摄。在拍摄推镜头时，应先在长焦端聚焦清晰，再回到广角端，从广角端开始推，这样画面才能在整个拍摄过程中都保持清晰。

（5）匀。

匀是针对运动镜头而言的，是指镜头运动的速度要均匀，不能忽快忽慢。推、拉镜头时使用摄像机电动变焦装置是很有效的。摇镜头的匀速进行依赖于三脚架云台良好的阻尼特性，移动拍摄主要是需要拍摄者控制移动工具，使其保持匀速运动。开机起幅时，摄像机镜头应缓慢地做匀加速运动，达到一定速度后保持匀速，至落幅时要慢慢地匀减速，直到摄像机镜头停止运动。

在拍摄过程中要避免出现“拉风箱”和“刷墙”式的运动方式。“拉风箱”是指来回推、拉镜头，“刷墙”是指摇摄时从左到右、从右到左反复拍摄。

拍摄者应加强基本功训练，最大限度地借助三脚架、镜头等的优势，一丝不苟地拍摄，一旦拍摄中出现失误，只要条件允许就应毫不犹豫地重拍。另外，在拍摄时要牢记摄像的基本要领，严格要求自己，确保拍摄的画面完美。

5. 数码摄像机的持机方式

摄像师选择不同的持机方式，其拍摄效果和拍摄效率也不同。常见的持机方式包括肩扛式持机方式、固定式持机方式、徒手式持机方式。

（1）肩扛式持机方式。

肩扛式持机方式是较常见的一种持机方式，最大的特点是镜头调度灵活。大多数专业摄像机都设计有肩托，正确的持机姿势是摄像师把肩托在右肩上架稳，右手紧握手柄，将摄像机靠紧身体，加强支撑；左手轻扶遮光罩或聚焦环，并自然下垂；双脚分开，与肩等宽，腰板挺直。在拍摄时，摄像师脸部靠近机身，右眼贴紧寻像器罩，用右手大拇指操纵摄录钮，中指和食指操纵变焦钮，无名指操纵光圈自动／手动切换开关，左手调整光圈或聚焦环，如图 1-26 所示。

当肩扛摄像机进行运动时，摄像师双膝应略弯曲，双脚分开稍大一些，使重心降低，支撑面增大，加强持机的稳定度，并尽可能利用身体的运动代替步伐的移动，这样可减少因移步而使摄像机在垂直方向上产生的起伏。

在肩扛摄像机做变焦拍摄时，画面稳定度和焦距有关，当镜头推向被摄物，发现画面开始晃动时，记下这时的焦距，超过这个焦距应改为固定式持机拍摄。

（2）固定式持机方式。

固定式持机方式指将摄像机固定在某种辅助设备上进行拍摄的持机方式。在有条件的情况下，应优先考虑固定式持机方式。在电视摄像中常用三脚架、轨道车、摇臂、升降架或特殊的减震装置等作为固定支撑，如图1-27所示。采用固定式持机方式拍摄，不论焦距大小，画面都能保证稳定。固定式持机的要领就是摄像师不能贴靠在摄像机上进行操作，以免影响机体的稳定性，使拍摄画面晃动。

随着拍摄技术的发展，摄像师可能会接触到更多的辅助设备。在拍摄特殊运动镜头时，摄像师可以将摄像机和特殊减震装置连接在一起，安装在汽车或直升机上，使摄像机在剧烈运动过程中仍能保证画面具有一定的稳定性，实现预期的拍摄效果。

（3）徒手式持机方式。

徒手持机的方式很多，可以说除了固定式持机方式和肩扛式持机方式，其它持机方式都是徒手式持机方式。这种持机方式在拍摄中有较大的灵活性，主要用于抢拍镜头和空间、时间受限制的情况，能对外界的变化做出迅速的反应，并能在复杂的情况或运动状态下拍摄。徒手持机的随意性很大，可以将摄像机抱在怀中，也可以将其提在手上或固定在身体的其他部位，如图 1-28 所示。

图 1-26 肩扛式持机方式

图 1-27 固定式持机方式

图 1-28 徒手式持机方式

6. 数字摄像的注意事项

不管采用哪种持机方式，只有牢记摄像的基本要领，合理构图，才能拍摄出令人满意的画面。拍摄人员应注意以下几点。

（1）拍摄人物近景时，应把画面中较大的空白安排在人物目光的前方，同时要处理好人物的轮廓及其后面的线条，如树木、电线杆、建筑物边缘等，如图 1-29 所示。

（2）拍摄人物全景时，要考虑在主体的四周留有适当的空白，避免“顶天立地”，以符合观众的欣赏习惯，如图 1-30 所示。

图 1-29 近景人物拍摄画面

图 1-30 全景人物拍摄画面

（3）拍摄特写画面时，应尽量少用长焦镜头，可以靠近被摄人物，选择适中的焦距进行拍摄，保证画面的稳定性和清晰度。

（4）拍摄运动镜头要干脆果断，不能犹豫不决，更不能出现推、拉混用的现象，镜头在运动的过程中要保持匀速。同时，要留出起幅和落幅画面，并且起幅和落幅的位置一定要准确，以便于后期的画面剪辑。

（5）尽量不要在逆光下拍摄，以免出现前景暗、背景亮的画面。

（6）拍摄的画面不能空洞无物，要充分运用画面语言，主题的表达要完整、突出，使人一目了然。

7. 数码摄像机的维护与保养

正确地维护与保养数码摄像机可延长其使用寿命，在维护与保养的过程中必须做到“四防三不”。

（1）防潮。

潮湿是摄像机的大敌，过度的潮湿会造成摄像机内部金属生锈、电路短接、镜头发霉等，甚至会影响摄像机的使用寿命。因此应随时注意摄像机的防潮，最好在存放摄像机的包里放一点干燥剂。在冬天将摄像机从寒冷的地方带入温暖的房间时，最好将机器放置一会儿，等机器内部温度升高，水汽蒸发之后再使用。在海边、河边及雨天使用摄像机时，应避免机器沾水，可使用防水罩。

（2）防尘。

摄像机在使用过程中，磁头和镜头最容易受粉尘侵袭，这会影响拍摄的画面质量，严重时可能会损坏摄像机，因此应尽量避免在高灰尘环境下（如风沙天气）使用摄像机。为了获得理想的拍摄效果，要定期对摄像机镜头进行清洁与保养，清洁时，首先用橡皮吹气球吹掉镜头表面浮尘，否则在擦拭时镜头上的粉尘可能会划伤镜片；然后用专门的镜头布或镜头纸从中心向四周呈螺旋式轻轻擦拭。为了减少麻烦，最好的保护措施是在摄像机镜头前安装 UV 镜。

对于磁带式或光盘式摄像机，还应定期清洗摄像机磁头，最理想的方法是使用棉签或麂皮蘸上无水酒精或者专用的磁头清洗液，小心地擦拭摄像机的磁头部分，同时应谨慎使用录制次数过多的磁带或可擦写光盘。

（3）防震。

震动会对摄像机的机械部分产生不良影响。数码摄像机的机械部分十分精密，电子元件极其微小，其对定位精度的要求极高，较强烈的震动可能会造成机械错位，甚至电路板松脱，因此在使用时应避免强烈的震动，特别要防止机器摔到地上。

（4）防磁。

数码摄像机在存放时应远离强磁场，也不能在强磁场环境下使用，否则会导致画面严重失真。

（5）不长时间连续使用。

如果数码摄像机连续工作的时间过长，机器内部的电路会产生大量的热量。由于数码摄像机结构紧凑，产生的热量不易散去，积累过多的热量会加快电路板元件的老化速度，从而影响摄像机的使用寿命。

（6）不使用不合格的电源。

不管在什么情况下，都不要使用厂家指定范围以外的外接电源。如果使用便携式充电电池，必须使用符合摄像机供电标准的合格厂商的电池，如果条件允许，最好使用原厂原装电池，以免烧毁摄像机，造成无可挽回的损失。

如果摄像机长期不使用，应定期通电，以保证其性能的稳定。

（7）不擅自拆装。

当摄像机发生故障时，应将摄像机送到厂家指定的维修站进行维修，不要尝试自行修理。

三、学习任务小结

通过本次任务的学习，同学们了解了数码摄像机的工作原理和结构组成，掌握了数字摄像的准备工作、基本要领、持机方式和注意事项，知道了如何对数码摄像机进行维护与保养。在今后的学习和实践中，同学们要不断加强对数字摄像技术的学习，提高自己的拍摄水平和创作能力，为数字媒体行业的发展做出贡献。

四、课后作业

（1）选择一种数码摄像机，对其进行详细的结构分析，并绘制结构功能思维导图。

（2）结合实际拍摄案例，分析在各个镜头中数字摄像的基本要领，并总结分享。

1:2.8 f=40mm Lens

项目二
风光摄影

风光摄影的分类

教学目标

（1）专业能力：熟练掌握风光摄影的分类与拍摄技巧，深度洞悉风光摄影的构图基石。

（2）社会能力：精准掌控风光摄影中常用的曝光参数，于风光摄影中游刃有余地运用基本构图技巧，依照不同的创意独立完成风光摄影作品的拍摄。

（3）方法能力：具备信息与资料收集能力、赏鉴风光摄影作品的能力。

学习目标

（1）知识目标：能够深切领会风光摄影的美学及构图基础知识。

（2）技能目标：能够剖析风光摄影作品的风格与构图特性。

（3）素质目标：能够明晰地阐述风光摄影的表达风格与文化内涵。

教学建议

1. 教师活动

（1）给学生布置收集并展示风光摄影作品的作业，让学生对其中的构图技巧加以分析，以增强学生的审美素养，激发学生的艺术想象力，提高学生分析光线的能力，引导学生领会构图的技术要点。

（2）精选优质的风光摄影作品，阐释其背后的创作故事、构图技巧及文化内涵，将优秀的文化理念传递给学生；主动与学生互动交流，促使学生学会独立思考。

2. 学生活动

学生以小组形式进行风光摄影作品的拍摄与赏析，锻炼自己的构图能力与艺术表达能力。

一、学习问题导入

风光摄影是以展现自然风光和人文风光之美为主要创作题材的摄影形式，是多元摄影中的一个类别。自摄影技术诞生伊始，风光摄影便占据重要地位。人类首幅摄影作品即风光摄影作品（1826 年，法国人尼埃普斯拍摄了自家窗外的景物），如图 2-1 所示。风光摄影深受人们的喜爱，它为人们带来了全面的美的享受。从摄影师发现美并进行拍摄，直至作品与观众相见并被欣赏，这整个过程都会给人的感官和心灵带来愉悦，能够让人们在审美过程中领略到一定的思想内涵，由此增添一些令人难以忘怀的趣味。

二、学习任务讲解

在中外摄影的发展历程中，涌现出众多杰出的风光摄影大师。例如，安塞尔 · 亚当斯倾其一生拍摄他的家乡约塞米蒂，其作品《约塞米蒂山谷》如图 2-2 所示。不论采用何种角度，风光摄影都是摄影者借助镜头语言展开的一次审美活动。在自然界面前，无论是精心调控光线的技术摄影，还是融入自身心境的主题摄影，都是摄影者通过镜头语言来描绘自己对脚下这片土地和山河的热爱。

风光摄影是众多摄影爱好者钟情的题材。风光摄影有别于其他类型的摄影，只要摄影者具备一双善于发现美的慧眼，能够从多元的视角去阐释大自然的风光之美，便有机会创作出出色的摄影作品。风光摄影是一种丰富多彩且具有深厚内涵的艺术形式，涵盖自然风光、人文风光等。

1. 自然风光

图 2-1 《Le Gras 的窗外景色》

图 2-2 《约塞米蒂山谷》

大自然天然造就的地质、地貌、气象等景观丰富多样，具体体现在“海、陆、空”的自然景观之中。

①天空中的日、月、星辰、云、雾、雨、雪、霜、雷电、冰雹等。

②陆地之上的山脉、河湖、草原、沙漠、沼泽等。

③海洋之中的潮汐、波浪、珊瑚等。

自然风光如图 2-3 所示。

2. 人文风光

人工构建的人文景观，由古典建筑和现代建筑共同组成。其中，古典建筑包括楼、台、亭、阁、塔、池、榭、桥、宫殿、寺、院、庙、堂、庄以及长城、石窟、皇陵、古堡等古典园林和历史遗迹；现代建筑则涵盖高楼大厦、体育场馆、高架道路、桥梁、隧道、纪念碑塔、城市雕塑等。

图 2-3 自然风光

3. 风光摄影的核心

风光摄影的核心在于展现大自然的意境之美，如图 2-4 所示。

风光摄影独特的审美倾向体现为以中国画意来凸显摄影作品的唯美特质，将线条透视、空间透视和光影语言等与传统绘画的精神相融合。

风光摄影注重光影的变化和空间的层次感，进而营造出中国画“淡妆浓抹总相宜”的韵味，彰显了中国人含蓄、内敛的审美格调。大自然的光影造型以其独特的姿态向我们传递出一种超越时空的禅意。

图 2-4 风光摄影

三、学习任务小结

本次学习任务围绕风光摄影的分类展开，我们了解了风光摄影的概念，明确了风光摄影涵盖自然风光、人文风光。自然风光体现为天空、陆地和海洋等多样的景观，人文风光则由古典建筑和现代建筑共同构成。风光摄影的核心在于展现大自然的意境之美，其审美倾向与传统绘画精神相融合，注重光影变化和空间层次。

四、课后作业

（1）选择一幅自己喜欢的风光摄影作品，分析其运用的构图技巧和展现的意境，写成一篇不少于 500 字的赏析文章。

（2）运用所学的风光摄影知识，拍摄一组包含自然风光和人文风光的作品，每组作品不少于 5 幅，并附上拍摄思路和技巧说明。

（3）研究中国画意对风光摄影的影响，制作一份 PPT 进行展示。

风光摄影的拍摄技巧

教学目标

（1）专业能力：熟练掌握风光摄影中景别、角度和构图的选择与运用技巧，能根据拍摄场景和主题灵活调整。

（2）社会能力：准确把握拍摄场景的特点，合理运用拍摄技巧展现风光的独特魅力，提升作品的表现力和感染力。

（3）方法能力：具备独立思考能力和创新能力，能够在实践中不断探索和总结拍摄技巧，提高解决问题的能力。

学习目标

（1）知识目标：深入理解风光摄影中景别、角度和构图的概念和作用。

（2）技能目标：能熟练运用不同的景别、角度和构图拍摄风光，并能分析其效果。

（3）素质目标：培养敏锐的观察力，提高审美素养，能拍摄出风光的内涵和传递的情感。

教学建议

1. 教师活动

（1）现场演示不同景别、角度和构图的拍摄方法，让学生直观感受其差异和效果。

（2）提供不同风光场景，指导学生进行实践拍摄，并及时给予反馈和建议。

（3）组织学生分享拍摄经验和心得，共同探讨拍摄技巧。

2. 学生活动

（1）分组进行拍摄，互相交流和学习，共同提高拍摄技巧。

（2）观察分析优秀风光摄影作品中景别、角度和构图的运用技巧，借鉴有益经验。

一、学习问题导入

在风光摄影领域，拍摄技巧对作品质量及表现力具有极为关键的影响。景别、角度及构图能够切实影响画面的呈现效果，并且能够影响画面传达的情感。恰到好处的景别运用可以显著地突出主体，进而极大地丰富画面的层次结构；独具一格的拍摄角度能够展现出风光别样的魅力；而充满巧思的构图则能够让画面更具美妙的质感和强烈的吸引力。

景别包括远景、全景、中景、近景和特写，如图 2-5 所示。远景能够将广阔无垠的风光场景完整地呈现出来，给观赏者带来一种宏大壮观的视觉感受；全景可以全面地展示出整体环境以及主体的完整面貌；中景能够突出主体与周围环境之间的关系；近景着重于细致地表现主体的具体细节；特写则是对风光中的某个局部特征进行聚焦和放大。

拍摄角度分为平视、仰视和俯视。平视角度使画面更具真实感和亲切感，让观赏者仿佛身临其境；仰视角度能够有效地突出主体的高大和威严；俯视角度则可以展现风光的辽阔宽广和整体布局。

图 2-5 不同的景别

常见的构图方法有对称构图、黄金分割构图、框架构图、引导线构图、三角形构图、线条构图、规律构图及图形构图等。对称构图会给人一种平衡、稳定的视觉感受；黄金分割构图遵循一定的比例，使画面更具和谐美感；框架构图巧妙地利用生活中存在的框架，将被摄主体置于其中，起到引导观众视线的作用；引导线构图借助生活中常见的线条，如道路、桥梁等，或者利用视线的递进关系，来引导观赏者的目光；三角形构图通过景物之间形成的三角形线条，增强画面的稳定感和立体感；线条构图利用风景中可见的线条对图片进行切割，使画面更具节奏感和韵律感；规律构图发现并利用风景中的规律元素，让画面更具秩序感；图形构图则是利用风景中出现的图形，以横平竖直的方式进行拍摄，从而进行有效的构图。

总之，在进行风光摄影时，需要综合考虑景别、角度和构图等多个因素，根据实际的拍摄场景和想要表达的主题情感，灵活地运用各种拍摄技巧，以创作出更具表现力和感染力的优秀作品。

二、学习任务讲解

1. 景别

景别包含的类型有远景、全景、中景、近景及特写。远景拥有强大的表现力，它能够以一种波澜壮阔的方式展现极为广阔的风光场景，仿佛将整个辽阔的天地都纳入画面之中，给予人们强烈的视觉感受；全景致力于呈现整体环境和完整的主体形象，它以一种全方位的视角，将主体及其周边的环境完整地展现出来，让观察者能够清晰地洞察到画面中所有的关键要素；中景着重突出主体与环境之间的关系，它犹如一个平衡点，既能够展现主体的重要特征，又能体现出环境对主体的影响和衬托；近景尤其注重对主体细节的刻画和表现，它通过拉近镜头与主体之间的距离，将主体的细节部分鲜明地呈现出来，使人们可以观察和感受到主体的细微之处；特写则是将画面精准地聚焦于风光的某一个局部特征上，对该局部的所有细节进行放大和凸显，让观赏者能够深入了解和感受到这个局部所蕴含的特色和关键信息。

2. 角度

拍摄角度可分为平视、仰视和俯视三种。平视角度即相机镜头与被摄主体处于同一水平线上。采用这种角度进行拍摄，所得到的画面效果与我们日常生活中用眼睛观察事物极为相似，能够赋予画面更强的真实感和亲切感。在这种视角下，被拍摄的主体仿佛与观众处于平等的位置，没有明显的高低差异，让人感觉亲切自然，容易产生身临其境之感，如图 2-6 所示。

仰视角度则是指相机的位置低于被摄主体。当以仰视的方式进行拍摄时，所拍摄出来的画面能够突出主体的高大和威严。这种角度常常被用于拍摄高大的建筑物、挺拔的树木或者具有威严感的人物等，它可以使被拍摄的对象显得更加高大、雄伟，令人产生敬仰、赞叹之情。仰视角度能够强调被摄主体的重要性和权威性，常被用来表达赞颂、敬仰、自豪、骄傲等情感色彩，如图 2-7 所示。

俯视角度与仰视角度相反，是指相机的位置高于被摄主体，从而产生一种自上而下、由高向低的视觉效果。在俯视角度下，画面中的水平线会升高，能够更全面地展现风光的广阔和整体布局。这种角度适合拍摄宏大的场景，如辽阔的草原、连绵的山脉、繁华的城市等，可以将众多的元素纳入画面之中，呈现出被摄场景的整体规模和气势。从高处向下拍摄时，会对被摄主体造成一种视觉上的挤压效果，使它们看起来相对矮小和压抑，画面通常带有一定的贬低或蔑视的意味，也可用于营造某种特定的氛围或表达特定的情感。

图 2-6 平视角度

图 2-7 仰视角度

3. 构图

构图方法多种多样，包含对称构图、黄金分割构图、框架构图等。

对称构图能给人带来一种平衡、稳定的视觉感受，其画面结构均衡，相互呼应，具有平衡、稳定的特点。对称构图常用于建筑摄影中，以展现建筑的平衡与稳定性，在镜面倒影的拍摄中也多有应用，能够表达出唯美的意境，如图 2-8 所示。

图 2-8 对称构图

黄金分割构图可以让画面更具和谐美感，它符合人们的审美习惯，使被摄主体在画面中自然成为视觉中心。这种构图方式将画面按照特定比例进行分割，画面元素的布局显得和谐、恰到好处，能有效地提升作品的视觉吸引力和艺术感染力，如图 2-9 所示。

框架构图具有引导观众视线及增强画面层次感的独特作用。它通过选择一个框架作为画面的前景，从而巧妙地将观众的视线引导到被摄主体上。这个框架可以是门窗、树叶间隙、网状物等各种实际存在的物体。框架构图不仅能够突出主体，还能使画面产生更强烈的纵深感和立体感，让主体与环境相互呼应，营造出丰富的层次和独特的视觉效果，如图 2-10 所示。例如，透过窗户拍摄窗外的景色，窗户构成了框架，使观众的注意力更容易集中在窗外的主体上，同时也增加了画面的故事性和艺术感。

此外，九宫格式构图将被摄主体或重要景物放在分割线交叉点的位置上，使画面趋于平衡，符合人们的视觉习惯；对角线构图能增强画面的动态与张力，画面效果更加活泼，常用于拍摄建筑、山峰、植物枝干等；中心构图将主体放在画面中心，是较为稳定的构图方法，适合拍摄建筑物或中心对称的物体；引导线构图借助线条来引导观众视线，吸引其关注画面主体，注重意境和视觉冲击力的表现，可用于拍摄道路、桥梁、河流、建筑等；正三角式构图以画面中的三个视觉中心为景物的主要位置，形成一个稳定的三角形，可增强画面的稳定性，常用于人像摄影等；极简构图和留白构图通过剔除与主体相关性不大的物体，创造负空间，让观众将注意力集中在主体上，使画面更具美感和视觉冲击力；环形构图中，主体四周有其他元素呈环形或圆形围绕，可产生强烈的整体感，常用于不需要特别强调主体，而着重渲染气氛的画面；X 形构图中，物体走势或线条按 X 形布局，画面纵深感强，能把观众的视线由四周引向中心，适用于空间感的表现。

每种构图方法都有其独特的视觉效果和表现力，摄影师可以根据拍摄的主题、场景和想要传达的情感氛围等，灵活选择和运用合适的构图方法，以创作出更具吸引力和艺术价值的作品。

图 2-9 黄金分割构图

图 2-10 框架构图

三、学习任务小结

本次学习任务聚焦于风光摄影的拍摄技巧，包括景别、角度和构图的运用。我们了解了不同景别的特点和适用场景，掌握了多种拍摄角度的效果和运用技巧，熟悉了常见构图方法的优势和应用范围。通过学习，我们能够在风光摄影中更加灵活地运用相关技巧，创作出更具表现力和感染力的作品。

四、课后作业

（1）针对同一处风光，分别运用远景、中景和近景进行拍摄，每组作品不少于 3 幅，对比分析其效果，写一篇心得体会。

（2）选择一处风光，从平视、仰视和俯视三个角度进行拍摄，每组作品不少于 3 幅，说明每幅作品传达的情感和视觉感受。

（3）运用所学的构图方法，拍摄一组风光作品，不少于 5 幅，并分析构图在作品中的作用。

自然风光的拍摄

教学目标

（1）专业能力：熟练掌握自然风光拍摄中光线、色彩的运用技巧和时机的把握技巧，能够敏锐捕捉自然风光的瞬息变化。

（2）社会能力：深入理解自然风光的生态意义，通过拍摄展现其独特价值，增强作品的文化内涵。

（3）方法能力：具备敏锐的观察能力和应变能力，能够在不同自然环境中灵活运用拍摄技巧，提升作品的创新性。

学习目标

（1）知识目标：系统掌握自然风光拍摄中光线、色彩和时机的相关知识及其对作品的影响。

（2）技能目标：能熟练运用光线、色彩，把握时机进行自然风光拍摄，并评估作品效果。

（3）素质目标：培养对大自然的敬畏之心和热爱之情，通过作品传达自然风光的魅力和生态价值。

教学建议

1. 教师活动

（1）带领学生实地观察自然风光中的光线、色彩变化，分析其规律和特点。

（2）提供不同自然场景，指导学生进行拍摄实践，对学生作品给予专业点评和改进建议。

（3）组织学生开展关于自然风光保护的讨论，引导学生将环保意识融入摄影作品。

2. 学生活动

（1）分组进行自然风光拍摄实践，互相交流拍摄经验和心得。

（2）分析优秀自然风光摄影作品对光线、色彩的运用技巧和对时机的把握技巧，借鉴其创作思路。

一、学习问题导入

在自然风光拍摄领域，光线、色彩和时机对作品效果起着决定性作用。精准运用光线，可以塑造出层次丰富、立体感强的画面效果；合理运用色彩，能够赋予作品生动的情感和氛围；恰当选择拍摄时机，能捕捉到大自然神奇与美妙的瞬间。恰到好处的光线运用能让景物轮廓清晰、质感逼真；巧妙的色彩搭配能够突出自然风光的独特韵味；而准确的时机把握则能定格那些稍纵即逝的惊艳瞬间，使作品充满生命力和感染力。

具体而言，光线的类型包括顺光、侧光、逆光等，如图 2-11 所示。顺光使景物受光均匀，展现出清晰的细节；侧光塑造出强烈的明暗对比，增加景物的立体感；逆光则勾勒出物体的轮廓，营造出神秘的氛围。色彩方面，自然界中的色彩丰富多样，如春天的嫩绿、秋天的金黄等，合理捕捉和表现这些色彩，能让作品呈现出不同的季节特点和情感倾向。拍摄时机涵盖日出日落、四季变换等特殊时刻，这些时刻往往能为作品增添独特的魅力和价值。

图 2-11 光线类型

二、学习任务讲解

1. 光线

光线在自然风光拍摄中起着至关重要的作用，不同类型的光线会产生截然不同的效果。顺光情况下，光线直接照射在景物正面，使得景物颜色鲜艳、细节清晰，但可能会导致画面缺乏层次感和立体感。顺光常用于拍摄需要突出细节和色彩的景物，如盛开的花朵（见图 2-12）、平静的湖面等。

图 2-12 顺光拍摄盛开的花朵

侧光是来自景物侧面的光线，能够在景物上形成明显的明暗分区，从而突出景物的纹理和形状，增强画面的立体感和空间感。侧光适合拍摄山脉（见图 2-13）、古老的建筑等具有明显轮廓和纹理的对象。

图 2-13 侧光下山脉的明显轮廓和纹理

逆光时，光线从景物背后照射过来，景物主体通常会形成剪影效果，能够突出景物的轮廓线条，营造出一种神秘、浪漫的氛围。逆光常用于拍摄日出日落、人物背影等场景，如图 2-14 所示。

图 2-14 逆光人物摄影（陈彦）

此外，还存在顶光和底光等特殊的光线类型。顶光往往在中午时分出现，它从上方毫无遮拦地直射下来，致使景物下方无可避免地产生浓重的阴影。顶光通常被用于拍摄独具特色的建筑或者特定的、别具风貌的地貌，如图 2-15 所示。底光则相对较为罕见，其常用于营造非同寻常的特殊氛围和引人入胜的效果，如图 2-16 所示。

2. 色彩

自然界的色彩丰富多样、绚烂夺目，展现出无穷的魅力和独特的韵味，无疑是自然风光拍摄中极具感染力和表现力的关键元素。从春日里鲜嫩欲滴的翠绿，到夏日里热烈奔放的火红；从秋日里璀璨亮眼的橙黄，到冬日里银装素裹的洁白，仿佛是大自然这位伟大的艺术家在尽情挥洒着自己的创作激情，赋予世界无尽的生机与活力。这些色彩的巧妙组合，无疑为自然风光摄影作品增添了深厚的情感内涵和强烈的视觉冲击效果，成为吸引观者目光、触动观者心灵的重要因素。

图 2-15 顶光下独特的建筑

图 2-16 底光营造特殊的氛围和效果

春季，大地从沉睡中复苏，万物焕发出新生的活力。嫩绿的枝叶清新宜人，缤纷的花朵争奇斗艳，它们共同构成了生机勃勃的美妙画面，向世界传递出充满希望的气息，如图 2-17 所示。

夏季，浓郁深沉的绿色铺天盖地，明亮炽热的阳光毫无保留地倾洒而下，二者相互交织，淋漓尽致地展现出大自然的繁荣与活力，如图 2-18 所示。

图 2-17 春季的风光摄影作品

图 2-18 夏季的风光摄影作品

秋季，当第一缕凉爽的秋风吹过，金黄的树叶宛如一片片璀璨的黄金，在阳光的照射下闪烁着耀眼的光芒，如图 2-19 所示。每一片树叶都仿佛是大自然精心雕琢的艺术品，脉络清晰，色泽饱满。火红的枫叶恰似燃烧的烈焰，热烈而奔放，那鲜艳的红色如同跳跃的火苗，充满了生命的激情与活力。

冬季，严寒悄然降临，整个世界仿佛被大自然这位神奇的艺术家披上了一层晶莹剔透的银装。那洁白的雪如同一床轻柔的棉被，无边无际地覆盖着广袤的大地，目之所及，皆是一片洁白无瑕的景象。清冷的色调让天空显得更加高远和澄澈，让树木变成了玉树琼枝，让山峦化作了蜿蜒起伏的银白巨龙，如图 2-20 所示。

除了季节更迭带来的显著色彩变化，不同的天气条件也会对大自然色彩的呈现产生重要影响。晴天时，色彩鲜艳夺目、明亮耀眼；阴天时，色彩则显得较为柔和素雅、清淡宜人；而在雨后，空气中弥漫的水汽宛如神奇的画笔，会使色彩更加饱和浓郁、生动鲜活。

图 2-19 秋季的风光摄影作品

图 2-20 冬季的风光摄影作品

3. 时机

选择合适的拍摄时机对自然风光摄影至关重要。日出、日落时分，天空色彩变幻无穷，暖色调的光线为景物披上了一层迷人的光辉，此时拍摄能够创作出极具氛围感和艺术感的作品，如图 2-21 所示。

风雨雷电等极端天气虽然具有一定的拍摄难度，但往往能带来独特的视觉效果。如暴风雨前的乌云密布、电闪雷鸣，能够营造出紧张和震撼的氛围；而雨后的彩虹为作品增添了生机和灵动感，如图 2-22 所示。

图 2-21 日出、日落时分的风光摄影作品

四季的交替也是不可错过的拍摄时机。春天的花海、夏天的绿意、秋天的金黄、冬天的雪景，每个季节都有其独特的魅力。

此外，特殊的天文现象，如令人心驰神往的流星雨（见图2-23）、充满神秘色彩的月食等出现的时候，无疑也是拍摄的良好时机。这些特殊的天文现象能够为摄影作品增添浓郁的神秘气息和奇幻迷人的元素，使之更具吸引力和独特魅力。

图 2-22 雨后的彩虹

图 2-23 流星雨

三、学习任务小结

本次学习任务围绕自然风光的拍摄，重点探讨了光线、色彩的运用技巧和时机的把握技巧。我们深入了解了不同光线类型的特点和应用场景，感受了自然界色彩的丰富变化和情感表达，明确了选择合适拍摄时机的重要性。通过学习，我们能够更加敏锐地感知自然风光中的微妙元素，灵活运用光线、色彩和把握时机，创作出更具魅力的自然风光摄影作品。

四、课后作业

（1）选择一处自然风光，分别在顺光、侧光和逆光条件下进行拍摄，每组作品不少于 3 幅，对比分析光线对作品的影响，撰写一篇心得体会。

（2）记录同一地点的自然风光的四季变化，每组作品不少于 5 幅，阐述色彩在不同季节所传达的情感和呈现的氛围。

（3）选择出现特殊天文现象或特殊天气的时候进行拍摄，作品不少于 3 幅，并说明拍摄时机对作品效果的重要性。

项目三
人像摄影

学习任务一 人像摄影的分类
学习任务二 人像摄影的拍摄技巧
学习任务三 人物形象照的拍摄

人像摄影的分类

教学目标

（1）专业能力：熟练掌握不同类型人像摄影的特点与技法，能够精准区分并运用各类人像摄影风格。

（2）社会能力：理解人像摄影在社会交流中的作用，通过作品展现人物的个性与社会意义，增强作品的沟通性和影响力。

（3）方法能力：具备创新思维和独立策划能力，能够根据拍摄需求订定独特的人像摄影方案，提升作品的独特性。

学习目标

（1）知识目标：系统了解人像摄影的主要分类及特点。

（2）技能目标：能够准确判断并运用不同类型的人像摄影技巧，创作具有特色的人像摄影作品。

（3）素质目标：培养观察力和同理心，通过作品传达人物的情感与精神内涵。

教学建议

1. 教师活动

（1）展示不同类型的人像摄影作品，分析其特点和创作思路。

（2）设定不同的人像摄影主题，指导学生进行拍摄实践，及时给予指导和建议。

（3）组织学生对人像摄影作品进行评价和讨论，引导学生思考作品的社会价值。

2. 学生活动

（1）独立或分组进行人像摄影实践，互相交流和分享经验。

（2）研究优秀人像摄影作品的特点和创作手法，借鉴其优点。

一、学习问题导入

在人像摄影领域，分类对作品的创作和表达起着关键作用。不同类型的人像摄影能够展现人物不同的面貌和情感状态。清晰地了解人像摄影的分类，有助于我们在拍摄中更好地把握主题和风格，从而创作出更具表现力和感染力的作品。

人像摄影包括肖像摄影、环境人像摄影、时尚人像摄影等。肖像摄影着重展现人物的面部特征和内在气质；环境人像摄影将人物与周围环境相结合，强调环境对人物的衬托和影响；时尚人像摄影则突出时尚元素和潮流感，如图 3-1 所示。

图 3-1 人像摄影分类

二、学习任务讲解

1. 肖像摄影

肖像摄影以人物的面部为主要表现对象，通过对人物面部表情、眼神、肌肤纹理等细节的捕捉，展现人物的性格、情绪和内心世界，如图 3-2 所示。肖像摄影通常用简洁的背景来突出人物主体；注重光线的运用，塑造出画面的立体感和层次感。这种类型的人像摄影常用于人物传记、商务宣传等。

图 3-2 肖像摄影

2. 环境人像摄影

环境人像摄影将人物置于特定的环境中，人物与环境相互融合、相互映衬，如图 3-3 所示。环境不仅是背景，更是表达人物身份、职业、性格等的重要元素。拍摄时，需要合理安排人物与环境的比例和关系，使环境能够有效地烘托出人物的特点和情感。环境人像摄影常用于旅游纪念、生活记录等方面。

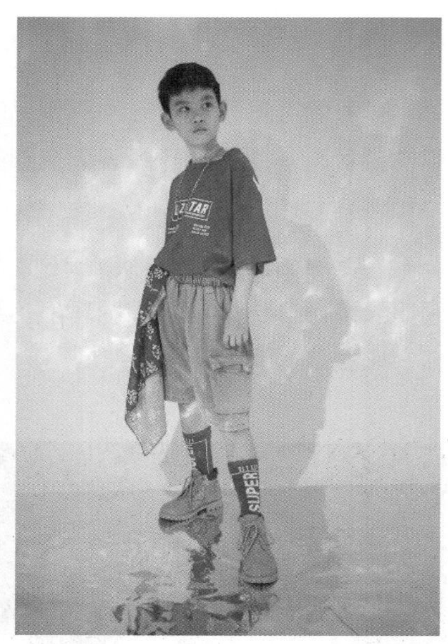

图 3-3 环境人像摄影

3. 时尚人像摄影

时尚人像摄影强调时尚元素和潮流感，包括服装、发型、妆容、配饰等方面的精心搭配，以及独特的拍摄风格和后期处理，如图 3-4 所示。摄影师通过创意构图、大胆的色彩运用和个性化的表现手法，展现出时尚前沿的人物形象和独特的视觉效果。时尚人像摄影常用于时尚杂志、广告宣传等。

此外，还有艺术人像摄影、纪实人像摄影等其他人像摄影类型。艺术人像摄影追求艺术表现和创意表达，常常运用夸张、抽象等手法；纪实人像摄影则注重真实记录人物的生活状态和社会现象。

图 3-4 时尚人像摄影

三、学习任务小结

本次学习任务聚焦于人像摄影的分类，我们深入了解了肖像摄影、环境人像摄影、时尚人像摄影等主要人像摄影的特点和表现方式。通过学习，我们能够根据拍摄目的和对象，选择合适的人像摄影类型，并运用相应的拍摄技巧和手法，创作出更具针对性和表现力的作品。

四、课后作业

（1）分别拍摄一组肖像摄影、环境人像摄影和时尚人像摄影作品，每组作品不少于 3 幅，分析不同类型作品的特点和拍摄技巧。

（2）选择一位身边的人物，以不同的人像摄影类型进行拍摄，每组作品不少于 2 幅，阐述每种类型的作品所展现的人物形象和表达的情感。

（3）研究一组优秀的人像摄影作品，判断其所属的类别，并说明理由，不少于 500 字。

人像摄影的拍摄技巧

教学目标

（1）专业能力：掌握人像摄影的构图、用光、造型和摆姿技巧，打造出具有专业水准和艺术感染力的人像摄影作品。

（2）社会能力：通过人像摄影作品展现人物的魅力和个性，传递积极的价值观和情感，增强作品的社会影响力。

（3）方法能力：培养创新思维和审美能力，能够根据不同的拍摄需求和场景灵活运用拍摄技巧，提升解决实际问题的能力。

学习目标

（1）知识目标：深入理解人像摄影中构图、用光、造型和摆姿的理论知识和原则。

（2）技能目标：能够熟练掌握并实际应用各种人像摄影技巧，提高作品的质量和表现力。

（3）素质目标：培养敏锐的观察力和对人物的理解力，通过作品展现人物内在的美好精神。

教学建议

1. 教师活动

（1）现场演示人像摄影的各项技巧，让学生直观感受效果。

（2）提供不同的拍摄场景和模特，指导学生进行拍摄实践，并及时给予反馈和建议。

（3）组织学生对拍摄作品进行分析和讨论，引导学生总结经验和教训。

2. 学生活动

（1）分组进行人像摄影实践，互相协助和交流经验。

（2）研究优秀人像摄影作品的拍摄技巧，借鉴有益经验。

一、学习问题导入

在人像摄影的创作中，拍摄技巧直接影响作品的质量。构图的巧妙安排、用光的精准把握、造型的精心设计以及摆姿的合理引导，都能赋予人像摄影作品独特的魅力和情感。一个出色的人像摄影师，需要熟练掌握这些技巧，才能在镜头前捕捉到人物最动人的瞬间，展现出他们的个性、气质和内心世界。

具体而言，人像摄影的拍摄技巧涵盖构图与层次、用光与造型、摆姿等多个重要方面，如图 3-5 所示。合理的构图与层次能够突出人物主体，增强画面的视觉冲击力；恰当的用光与造型可以塑造人物的立体感，营造出不同的氛围；自然而富有表现力的摆姿则能让人物展现出自信和魅力。

图 3-5 人像摄影技巧

二、学习任务讲解

1. 人像摄影的构图与层次

构图是人像摄影的基础，决定了画面的整体布局和视觉焦点。常见的人像摄影构图方法有中心构图、三分法构图、对称构图等，如图 3-6 所示。中心构图将人物置于画面中心，突出其重要性和主体地位，适用于表现人物的自信和庄重。三分法构图将画面分为九宫格，将人物的关键部位，如眼睛等放在分隔线的交叉点上，使画面更加平衡和和谐。对称构图则通过画面左右或上下的对称，营造出一种稳定和庄重的氛围，常用于正式的人像拍摄。此外，还可以运用前景、背景和景深来营造画面的层次感。前景可以增加画面的深度和立体感，背景可以烘托人物的性格和情绪，合理控制景深能够使主体清晰突出，背景虚化，增强画面的层次感和空间感。

图 3-6 人像摄影的构图方法 （廖月莹）

2. 人像摄影的用光与造型

光线是人像摄影的灵魂，不同的光线方向和强度会产生不同的效果，如图 3-7 所示。顺光能够均匀照亮人物，展现出清晰的细节，但画面可能缺乏立体感。侧光可以在人物面部形成明暗对比，突出轮廓和立体感。逆光能够营造出浪漫和神秘的氛围，使人物产生轮廓光。在造型方面，可以通过光线的运用来塑造人物的面部特征，如突出鼻梁、强调下颌线等。同时，还可以利用光线的软硬和不同的色彩来营造不同的氛围，如柔和的光线表现温馨，冷色调光线表现冷峻。

图 3-7　人像摄影的用光（郑宇高）

3. 人像摄影的摆姿

人物的摆姿对于人像摄影作品的表现力至关重要，如图 3-8 所示。站立姿势能够通过身体的适度倾斜来营造独特的动态感，比如微微侧身倾斜，可展现出一种随性自在的姿态；也可以借助重心的巧妙转移（如将重心放在一只脚上），使身体呈现出一种不平衡的美感；而手脚的合理摆放更是关键，手臂自然下垂或交叉于胸前，双脚并拢或微微分开，都能够展现出人物不同的气质和风格。

坐姿在人像摄影中至关重要，拍摄时必须注重身体线条的流畅性和姿态的优雅感，要确保人物身体自然舒展，避免出现弯腰驼背或者过度紧绷导致的僵硬感。双腿并拢斜放，双手轻轻搭在膝盖上，或者侧身而坐，一只手臂支撑身体，另一只自然摆放，都能展现出优雅大方的姿态。

躺姿则需要着重关注身体的曲线和表情的自然流露。人物身体的曲线可以通过侧身、弯曲腿部或者手臂的摆放来展现，呈现优美的线条感。同时，人物表情要保持自然，避免刻意做作，可以是安详闭目、轻轻微笑或者略带沉思的神情。

此外，摄影师可以引导人物巧妙地运用手部动作、头部姿势和眼神来增强作品的表现力，进而有效地传达出丰富的情感。比如，手部轻抚脸颊可以展现出温柔，头部微微上扬可以显示出自信，而深情专注的眼神则能传递出内心的情感。

人像摄影的摆姿示例如图 3-9 所示。

图 3-8　人像摄影的摆姿

图 3-9　人像摄影的摆姿示例

三、学习任务小结

本次学习任务深入探讨了人像摄影的拍摄技巧，包括构图与层次、用光与造型、摆姿等方面。我们了解了各种构图方法的特点和应用场景，掌握了不同光线的效果和造型技巧，熟悉了人物摆姿的运用原则和方法。通过学习，我们能够在人像摄影中更加熟练地运用这些技巧，创作出富有表现力和感染力的作品，展现人物的魅力和个性。

四、课后作业

（1）选择一位模特，分别运用中心构图、三分法构图和对称构图进行拍摄，每组作品不少于 3 幅，对比分析不同构图的效果。

（2）对同一位模特，在不同的光线条件（顺光、侧光、逆光）下进行拍摄，每组作品不少于 3 幅，分析光线对人物造型和情感表达的影响。

（3）引导模特摆出不同的姿势（站立、坐姿、躺姿）进行拍摄，每组作品不少于 3 幅，观察并分析不同摆姿所展现的人物气质和情感。

（4）综合运用所学的构图、用光和摆姿技巧，拍摄一组人像作品，不少于 5 幅，撰写拍摄心得，包括遇到的问题和解决方法。

（5）以“青春活力”为主题，运用所学技巧拍摄一组人像作品，不少于 5 幅，展现人物的风采和活力。

人物形象照的拍摄

教学目标

（1）专业能力：熟练掌握人物形象照的拍摄要点和技巧，能够根据不同人物的特点和需求拍摄出高质量的、符合人物身份和气质的形象照。

（2）社会能力：理解人物形象照在社交和职业领域的重要性，通过拍摄展现人物的专业形象和个人魅力，提升作品的社交价值和影响力。

（3）方法能力：具备敏锐的观察力和较强的沟通能力，能够与被拍摄者有效交流，引导其展现最佳状态，创新拍摄思路，提高拍摄效率和作品质量。

学习目标

（1）知识目标：系统了解人物形象照的定义、用途、拍摄风格和要求。

（2）技能目标：能够熟练掌握并实际应用各种人像摄影技巧，提高作品的质量和表现力。

（3）素质目标：培养对人物形象的尊重意识，能通过作品展现人物的自信和积极形象。

教学建议

1. 教师活动

（1）展示不同类型和风格的人物形象照，分析其特点和拍摄手法。

（2）安排学生进行拍摄练习，提供指导和建议。

（3）组织学生对拍摄作品进行评价和讨论，引导学生总结经验和改进方法。

2. 学生活动

（1）分组进行人物形象照的拍摄实践，互相协助和交流经验。

（2）研究优秀人物形象照，学习其拍摄和后期处理技巧。

一、学习问题导入

在当今社会，人物形象照的需求日益增长，无论是用于求职简历、社交媒体还是个人宣传，一张出色的人物形象照都能给人留下深刻的印象，如图 3-10 所示。然而，要拍摄出令人满意的人物形象照并非易事，需要综合考虑诸多因素，如人物的特点、拍摄环境、服装和妆容的搭配、灯光运用等。

图 3-10 人物形象照

二、学习任务讲解

1. 拍摄前的准备

在拍摄人物形象照之前，充分的准备工作至关重要。首先，要与被拍摄者进行深入沟通，了解其拍摄目的、职业特点和个人喜好，以便确定拍摄风格和服装。其次，选择合适的拍摄场地，确保背景简洁、干净，能够突出人物主体。最后，准备好所需的摄影器材，如相机、镜头、灯光设备等，并进行调试，如图 3-11 所示。

图 3-11 拍摄前的准备工作

2. 灯光的运用

灯光是塑造人物形象和营造氛围的关键因素。拍摄时可以采用柔光箱、反光板等设备来柔化光线，使人物的皮肤看起来更加光滑细腻。不同的灯光角度和强度会产生不同的效果，如侧光可以突出人物的轮廓，顶光可以增加立体感。此外，还可以根据拍摄风格和人物特点选择不同的灯光颜色，如暖色调营造温馨亲切的感觉，冷色调凸显专业干练的形象。灯光的运用效果如图 3-12 所示。

图 3-12 灯光的运用效果

3. 背景的选择

背景的选择是拍摄人物形象照中至关重要的环节。背景必须与人物形象及拍摄主题达到高度的契合。比如，简洁的纯色背景往往能够有效地突出人物的主体地位。在这样的背景衬托下，观众的目光会自然而然地集中在人物身上，人物的每一个细微表情和动作都能被清晰捕捉。

具有一定纹理或图案的背景也有着独特的魅力，它能够为画面增添层次感和丰富度，让整个画面更具艺术感和视觉吸引力。但在运用此类背景时，一定要谨慎把握，避免背景过于复杂而分散观众的注意力，使得人物形象在画面中的重要性被削弱，从而影响整个拍摄作品的效果。

如果拍摄的人物是一位优雅的芭蕾舞演员，那么选择一个简洁的淡粉色背景能够更好地突出其优美的身姿和灵动的舞蹈动作；而若是拍摄一位时尚设计师，或许一个带有独特纹理的背景（如带几何图案的墙面）能更好地展现其创新和个性的一面，但前提是这个背景的纹理不能过于夸张和混乱，以免喧宾夺主。不同拍摄背景如图 3-13 所示。

4. 服装和妆容的搭配

服装和妆容的搭配在人物摄影中起着举足轻重的作用，务必要与人物的身份及拍摄风格相吻合。对于职业形象照而言，摄影师通常会优先选择正装或者商务装，这类服装能够展现出人物专业、严谨和可靠的形象特质；与之相搭配的妆容往往是简洁大方的，强调自然与干净，着重突出人物的精神面貌和职业气质。

然而，在艺术形象照的拍摄中，情况则大不相同。此时摄影师倾向于选择更加个性化和时尚化的人物服装，常使用独特的设计和大胆的元素；也会选择更加夸张和富有创意的人物妆容，通过鲜明的色彩、独特的造型来形成强烈的视觉冲击力，以展现人物的艺术魅力和独特个性。

比如，一位律师在拍摄职业形象照时，可能会身着一套剪裁得体的深色西装，搭配淡雅的妆容，凸显其专业和稳重；而一位摇滚歌手在拍摄艺术形象照时，可能会穿上带有铆钉和皮革元素的服装，搭配浓重的烟熏妆和鲜艳的唇色，以此彰显其不羁和张扬的个性。服装和妆容的搭配如图 3-14 所示 。

5. 拍摄中的引导

在拍摄的整个进程中，摄影师扮演着极为关键的角色，要善于对被拍摄者的表情和姿态进行引导。

摄影师需要借助语言和动作进行巧妙引导，帮助被拍摄者消除紧张和拘谨的情绪，使其能够放松心情。只有在放松的状态下，被拍摄者才有可能展现出自然、自信的风采，从而得到理想的拍摄效果。

与此同时，摄影师必须时刻保持敏锐的观察力。要格外留意捕捉人物的瞬间表情和动作，因为这些瞬间往往蕴含着最真实、最动人的情感和魅力。只有精准地捕捉到这些瞬间，才能够拍摄出具有强大感染力和生命力的照片，真正触动观众的心灵。

举例来说，如果拍摄一位初次面对镜头的儿童，摄影师可以用亲切的语言和有趣的动作逗引孩子，让孩子绽放出天真无邪的笑容；而在拍摄一位模特时，摄影师可以通过特定的示范姿势和鼓励性的话语，引导模特展现出优雅自信的走姿和眼神。拍摄中的引导如图 3-15 所示。

图 3-13 不同拍摄背景

图 3-14 服装和妆容的搭配

图 3-15 拍摄中的引导

6. 后期处理

后期处理在人物形象照的拍摄中占据着不可或缺的重要地位，它可对照片的最终呈现效果进行进一步优化。精心调整色彩，比如增强暖色调以营造温馨氛围，或者降低饱和度来塑造高级感，能够赋予照片不同的情感风格；合理调节对比度，可以让画面更加鲜明，突出主体的轮廓和细节；恰当运用锐化参数，则能够增强图像的清晰度和锐利度，使照片更具质感（见图 3-16）。

对人物皮肤进行适当的修饰也是后期处理的一部分，比如通过消除一些细微的瑕疵，让皮肤看起来更加光滑细腻。在修饰皮肤的过程中，至关重要的是要把握好度，注意保持人物的真实性和自然感。过度的修饰可能会导致人物失去原本的特征和个性，让照片显得不真实。

例如，在处理商务形象照时，可以适度提高色彩的明度和对比度，展现出人物的干练；而对于少女的形象照，在修饰皮肤时只需轻微处理痘印和斑点，保留其肌肤的自然纹理和光泽。

图 3-16　后期处理

三、学习任务小结

本次学习任务重点介绍了人物形象照的拍摄方法和技巧，包括拍摄前的准备、灯光的运用、背景的选择、服装和妆容的搭配、拍摄中的引导和后期处理。通过学习，我们对人物形象照的拍摄有了更全面的认识和理解，能够运用所学知识拍摄出符合人物特点和需求的高质量形象照。

四、课后作业

（1）为一位职业人士拍摄一组形象照，包括正装和休闲装两种风格，每组作品不少于 3 幅，分析拍摄过程中的灯光、背景和服装搭配的效果。

（2）选择一位具有艺术气质的人物，为其拍摄一组艺术形象照，尝试不同的灯光颜色和背景，每组作品不少于 3 幅，阐述拍摄思路和创意。

（3）观察身边不同年龄段的人物，如儿童、青年、中年和老年，选择其中一个年龄段，拍摄一组展现该年龄段特点的形象照，每组作品不少于 5 幅，分析拍摄中的挑战和解决方案。

项目四
商品摄影

学习任务一　商品摄影基础知识
学习任务二　商品摄影的流程
学习任务三　商品摄影实践

商品摄影基础知识

教学目标

（1）专业能力：能清晰且准确地表述商品摄影的概念，理解商品摄影分类的依据；能够识别常见的商品摄影设备，理解光线的基本属性、规律和塑造方法，并对商品摄影工作情境有一定的认知和理解。

（2）社会能力：通过小组合作学习，具备参与讨论与分享知识的能力。

（3）方法能力：提升自我管理与自主学习的能力，能收集学习资料并进行归纳，对学习内容或者成果进行反思，敢于提出新颖的观点和想法。

学习目标

（1）知识目标：能够清晰且准确地表述商品摄影的概念，区分不同类型的商品摄影；能够识别常见商品摄影设备，并指出其主要功能和特点；能够阐述光线的基本属性和规律，并判断光线的特征；对商品摄影工作情境有一定的认知和理解。

（2）技能目标：能够判断不同商品的材质特征，识别并区分不同类型的商品摄影作品，并对不同类别商品摄影的工作情境进行分析。

（3）素质目标：能够进行自我管理与自主学习，对学习内容或者成果进行反思；能够积极参与讨论，分享自己的见解，并敢于提出新颖的观点和想法。

教学建议

1. 教师活动

准备相关学习资源与教学课件，针对用光基础知识设计一定的实践教学活动，并引导实施。

2. 学生活动

参与案例讨论与分析，开展模拟讲解与知识问答活动。

一、学习问题导入

什么是商品摄影？商品摄影可以怎样分类？商品摄影需要哪些设备？进行商品摄影需要具备哪些用光基础知识？商品摄影具有怎样的工作情境？如何学习商品摄影？

二、学习任务讲解

1. 商品摄影基本概念

商品摄影指的是以商品为主要拍摄对象的一种摄影类型，它是商业摄影的一个主要分支。其核心在于运用摄影技术和艺术手法，精准地呈现商品的形状、结构、材质、色彩、功能和价值等特点，以引发消费者的兴趣，促进商品的销售、推广或提升品牌形象，如图 4-1 所示。它是传播商品信息、促进商品流通的重要手段，是一种以图像传递信息的技术和艺术。

商品摄影具有明确的市场目标和宣传目的，其评价标准以商业要素为主，艺术要素为辅。在商品摄影的过程中，摄影者必须与客户进行充分有效的沟通，准确了解客户需求，同时也必须了解商品摄影作品发布所需满足的技术要求，以及行业及法律法规要求。

图 4-1 商品摄影

2. 商品摄影的范畴和分类

商品摄影涵盖极其广泛的领域。随着电子商务的迅速发展，商品越来越依赖图片来传递信息，无论是工业化产品还是农产品，抑或是服务类产品（比如餐饮产品和旅游产品），商品摄影图片都是非常重要的传播介质。

商品摄影有多种不同的分类方式，例如按照商品自身的品类，将商品摄影分为电子产品摄影、服装与饰品摄影、食品摄影、家居用品摄影等，但这种分类方式较少考虑到摄影技术层面的潜在差异，对商品摄影技术的学习没有太大帮助。因此，考虑拍摄不同商品的技术要求，对商品摄影进行如下分类。

（1）按商品材质划分。

金属商品摄影：金属商品有不锈钢制品、金银首饰、铝合金制品等。金属材质通常具有高反光性，拍摄时容易产生强烈的反射和光斑。

玻璃商品摄影：玻璃商品有玻璃器皿、玻璃工艺品等。玻璃材质具有透明或半透明的特性，拍摄时需要注意光线的穿透和折射效果。玻璃商品摄影如图 4-2 所示。

塑料商品摄影：塑料商品有塑料玩具、塑料包装等。塑料材质表面有高光和亚光之分，反光程度也各不相同。塑料商品摄影如图 4-3 所示。

木质商品摄影：木质商品有实木家具、木质工艺品、木质乐器等。木质商品通常具有自然的纹理和质感，拍摄时需要通过光线来突出其纹理和色泽。

织物商品摄影：织物商品有服装、床上用品、窗帘等各种纺织品。织物的质地、纹理和光泽度有很大差异，如丝绸光滑、棉布柔软等。

皮革商品摄影：皮革商品有皮鞋、皮包、皮沙发等。皮革材质有独特的纹理和光泽，拍摄时要展现其质感和品质。

陶瓷商品摄影：陶瓷商品有陶瓷餐具、陶瓷摆件、陶瓷卫浴用品等。陶瓷表面通常较为光滑，反光程度适中，拍摄时要注意表现其色泽和图案。

石材商品摄影：石材商品有大理石桌面、石材雕塑、石材装饰品等。石材具有独特的纹理和质感，拍摄时需要通过光线突出其天然的特点。

图 4-2　玻璃商品摄影

图 4-3　塑料商品摄影

（2）按商品尺寸划分。

小型商品摄影：如珠宝、手表、小玩具等商品的摄影。

中型商品摄影：如家用电器、箱包等商品的摄影。

大型商品摄影：如家具、车辆等商品的摄影。

（3）按拍摄环境划分。

室内摄影：在摄影棚或室内空间进行拍摄，可精准控制光线和背景。

室外摄影：利用自然光线和室外场景拍摄商品，营造自然真实的氛围。

（4）按拍摄目的划分。

电商摄影：主要用于电商平台的商品展示，注重多角度和细节展示，如图 4-4 所示。

广告摄影：旨在突出商品的卖点和品牌形象，以吸引消费者购买，如图 4-5 所示。

产品目录摄影：为产品目录提供清晰、风格统一的商品图片。

图 4-4 电商摄影

图 4-5 广告摄影

（5）按拍摄风格划分。

写实风格摄影：如实展现商品的真实外观、质地和颜色。

创意风格摄影：通过独特的构思、道具运用或后期处理，赋予商品新颖独特的视觉效果。

简约风格摄影：以简洁的背景和构图，突出商品本身，减少其他元素的干扰。

以上这些分类方式都强调了商品的外在特征、拍摄环境、拍摄目的与拍摄技术要求之间的内在关联，因此有助于统筹拍摄过程，优化用光技术，从而提升拍摄效率与质量。

3. 商品摄影设备

商品摄影设备种类繁多，一般可以分为以下几大类。

（1）成像设备及附件。

成像设备及附件主要指数码相机（如数码单反相机、无反相机等）、数码后背及相关附件，用于捕捉商品影像和存储影像。成像设备的技术参数对影像质量及拍摄体验有至关重要的影响，如何选择拍摄设备主要取决于拍摄的市场定位。在高端的商品摄影中，会使用一种称作技术相机的设备，如图 4-6 所示，这种设备可以调整相机像平面、镜头平面和物平面之间的关系，起到调整画面透视与景深的作用。

（2）镜头设备及附件。

镜头也是影响成像质量、拍摄视角和拍摄体验的重要因素，不同镜头的适用范围不同。镜头对影像清晰度、对比度、色彩风格、透视效果、景深效果都有着直接影响，与视角相关的拍摄距离对布光方式也有一定的影响，摄影师应该根据拍摄对象的特征以及拍摄定位选择合适的优质镜头，以确保照片的成像质量。除了镜头，偏光镜也是一种重要附件，可以通过过滤掉被摄对象表面不必要的反光来提升色彩饱和度。

（3）照明设备与控光设备。

照明设备与控光设备在商品摄影中通常结合使用，为再现商品的外在特征提供必要的光线，对这两类设备的运用能力直接体现摄影师的用光技术水平，也是决定商品照片质量的重要因素。照明设备通常分为非连续光源与连续光源两大类，只有在色温稳定性、显色指数及光谱特性等方面都达到较高的技术水准，才适合作为商品摄影光源使用，如图 4-7 所示。此外，控光设备及附件也应具备较好的质量，才能有效保障最后的用光效果。

图 4-6 连接微单和镜头的微单轨技术相机

图 4-7 爱图仕 LS 600c Pro II 光源及控光附件

（4）支撑与稳定设备。

支撑设备包括相机支撑设备、各类光源以及控光装置支撑设备，稳定设备包括但不限于三脚架、各类灯架及辅助装置。使用支撑与稳定设备，可确保相机、光源和控光附件在拍摄过程中保持稳定。

（5）布景、道具与摄影台。

在一些情况下，摄影师需要制作布景与道具，以及搭建摄影台。

4. 商品摄影用光基础

在商品拍摄过程中，光线控制至关重要，因此应理解光线的基本知识与基本使用技巧。

（1）光线基本知识。

①光线强度：强光能使商品的受光面和背光面形成明显的亮度差异，产生强烈的明暗对比，因此可以突出商品的细节和纹理，如图 4-8 所示。比如在拍摄皮革制品时，使用强光可以清晰地展现皮革的纹路和毛孔，使消费者更直观地感受到商品的品质。弱光下商品的明暗对比相对较弱，整体亮度较为均匀，能够细腻地展现商品的质感。例如拍摄丝绸制品时，使用弱光可以使丝绸的颜色更加柔和，避免了强光下可能出现的反光和过曝现象；又如拍摄玉器时，弱光可以使玉器的温润质感更加明显，同时不会产生刺眼的高光。

②光线方向：顺光即光线从相机的方向直接照射到商品上，商品的受光面均匀，能够完整地展现商品的形状、颜色和细节。侧光即光线从商品的侧面照射过来，会在商品上形成明显的明暗分界线，使商品的立体感和质感得到增强。例如，拍摄木器时可以通过调整侧光的角度和强度来控制商品的明暗对比，以达到最佳的拍摄效果。光线从商品的背面照射过来，会在商品的边缘形成轮廓光，使商品从背景中分离出来，增强了照片的空间感和层次感。顶光是从商品正上方照射下来的光线，它能强调商品顶部特征，但运用时要注意避免产生浓重阴影，同时要根据商品材质和颜色的不同进行恰当处理，比如在拍摄高反光商品时注意调整角度，拍摄深色商品时增加辅助光或提高亮度，如图 4-9 所示。

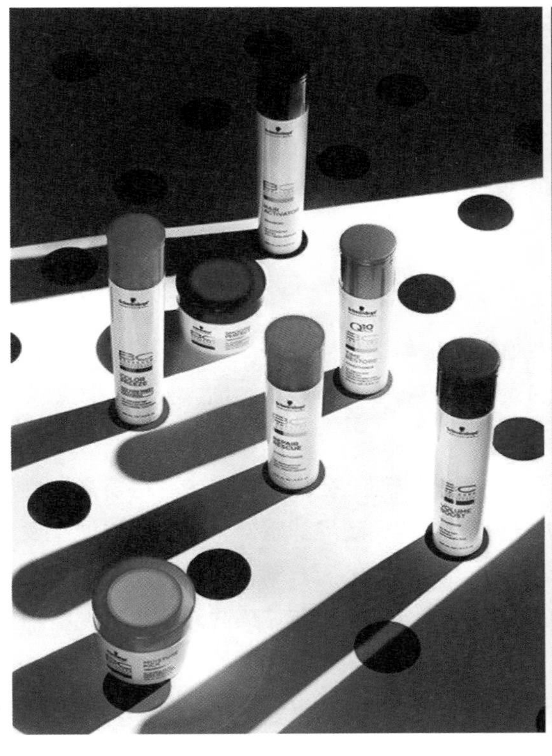

图 4-8 强光下的商品摄影效果

图 4-9 顶光下的商品摄影效果

③光线色温：冷色温的光线通常呈现出蓝色或青色的色调，会使商品看起来更加冷峻、清爽。暖色温的光线通常呈现出黄色或橙色的色调，会使商品看起来更加温暖、舒适。在拍摄食品或家居用品时，使用暖色温的光线可以营造出一种温馨、舒适的氛围。

④光质：硬光的方向性强，照射在商品上会产生明显的阴影和高光，画面对比度高，能够强化物体表面的质感，如图 4-10 所示。例如在拍摄水果时，使用硬光可以使水果的表面纹理看起来更加清晰。柔光照射在商品上产生的阴影过渡自然，不会有明显的分界线，能够弱化细微处的质感，使商品看起来更加细腻，如图 4-11 所示。例如拍摄化妆品时，使用柔光可以使化妆品的包装看起来更加光滑，没有明显的反光和阴影。

⑤光比与影调：光比是指被摄物体亮部与暗部受光强度的比值。假如亮部的照度为 1000 勒克斯，暗部的照度为 500 勒克斯，那么光比就是 2：1。光比对影调有直接的影响，光比越大，影调的对比度就越高，画面

图 4-10 硬光下的商品摄影效果

图 4-11 柔光下的商品摄影效果

呈现出强烈的明暗反差；光比越小，影调的对比度越低，画面显得更加柔和。在商品拍摄中，可以根据商品的特点和需要表达的情感来调整光比。如果需要突出商品的立体感和质感，可以适当增大光比；如果需要营造温和的氛围，可以适当减小光比。

⑥光线反射与折射原理：反射原理即光线入射角等于反射角的原理。在商品拍摄中，经常需要利用反射原理来控制光线的方向和强度。例如使用反光板或镜子来反射光线，照亮商品的暗部，或者通过调整反射角度来改变光线的照射效果。而当光线从一种介质进入另一种介质时，会改变传播方向，形成折射。例如在拍摄透明的玻璃制品或液体时，通过调整光线的入射角度和介质的形状，可以使光线在玻璃或液体中发生折射，产生绚丽的光影效果。

⑦阴影的作用：在商品拍摄布光过程中，观察阴影的表现是评估光效的重要方法。摄影师可以通过调整光线的方向和强度来控制阴影的位置和深浅，以达到最佳的视觉效果。同时，布光时应尽量避免出现十字阴影或者多重阴影。

⑧距离平方反比定律：光线在传播过程中，其强度会随着距离的增加而减弱，并且光的强度与距离的平方成反比。在商品拍摄中，需要考虑光线传播距离对商品表现的影响。如果光源距离商品太近，可能会导致商品局部过亮或过曝；如果光源距离商品太远，可能影响商品细节表现。

（2）光线基本使用技巧。

光线的基本使用技巧本质上可理解为控光技巧。所谓控光，即先选择合适的光源，再运用控光设备或附件，使光线以最为适宜的强度、方向、色彩及质感投射至最为恰当的区域，进而形成一个整体效果，令拍摄对象和场景获得最佳呈现。一般来说，这并非只是对单个光源的把控，而是多个光源与多种控光附件共同发挥作用，彼此叠加所形成的效果。

可以用一些基础的方法对控光效果进行判断。例如，我们可以通过分析商品的亮度与暗部的差异来判断光线的强度与距离，可以通过观察阴影过渡来判断光线的质感，可以通过观察物体本色与成像颜色来判断光线的色彩，可以通过观察阴影的方向来判断光线的方向，除此之外，我们还可以借助测光表测量不同影调区域的光线来辅助判断。

5. 商品摄影工作情境

在实际商品摄影工作中，工作流程一般按如下步骤展开。

（1）在接到拍摄任务后，摄影师会与客户或项目主管充分沟通，了解商品的特点、目标受众以及客户期望的风格和效果，获得准确的拍摄定位和需求。

（2）根据拍摄定位，分析商品特性，准备拍摄工作，包括挑选合适的摄影场地，准备摄影设备和照明设备，以及必要的道具，并进行检查和调试，拍摄样张并进行确认。

（3）拍摄前布置场景，清洁商品，摆放商品并进行造型，以展现其最佳形态。

（4）布置光源，调整光源的位置，灯光的角度、亮度和色温，使光线效果能够表达商品的视觉特征。

（5）设置相机参数，自定义相机白平衡，完成测试拍摄并实时校正，再拍摄商品整体造型图及各种细节图。

（6）拍摄完成后，将照片导入电脑，使用专业软件进行必要的后期处理，以优化照片质量，使其更符合客户需求和预期效果，并规范存档。

（7）按约定将整理好的照片文件交付给客户，并根据客户反馈进行必要的修改和完善。

三、学习任务小结

本次任务主要学习了商品摄影基本概念、范畴和分类，商品摄影设备，以及光线基础知识与用光技巧，还有商品摄影一般工作情境，覆盖了商品摄影的主要知识面，是从事商品摄影不可缺少的基础性知识。必须透彻理解以上知识，以发现和解决在商品摄影实践中遇到的问题。

四、课后作业

（1）分析不同类别商品的外在特征，并讨论如何打光才能突出商品的外在特征，然后使用照明设备进行验证，并记录相关过程。

（2）选择一张商品摄影照片，尝试分析其使用的光源数量、光线方向、光线质感，以及整个画面的对比度和商品细节的再现情况。

（3）将以上分析过程做成 PPT，按小组进行汇报，并由学生及老师分别点评。

商品摄影的流程

教学目标

（1）专业能力：能清晰且准确地描述商品摄影的基本流程，涵盖前期准备、拍摄实施、交付反馈等关键环节；熟练掌握关键摄影器材的选择、调试及操作技巧，以满足基本商品摄影任务的要求；能够依据商品特性和拍摄需求绘制布光图，并自主制订商品拍摄计划。

（2）社会能力：具备有效沟通和协同合作的能力，能够倾听他人意见和建议，促进团队合作。

（3）方法能力：能够分析拍摄实践中出现的问题，并不断改进摄影流程和方法；能够通过自主查阅资料、观察并借鉴优秀作品，持续提升自身的商品摄影水平。

学习目标

（1）知识目标：能够系统理解商品摄影的基本流程；能够根据需求选择与调试拍摄设备；熟知商品特性与拍摄需求对布光的影响，熟练掌握布光图的绘制方法。

（2）技能目标：能够独立绘制商品拍摄布光图，制订符合实际需求的商品拍摄计划；能够运用有效的沟通技巧，与团队成员密切配合；能够准确分析拍摄实践中出现的问题，提出合理的解决方案；能够不断优化摄影流程和方法。

（3）素质目标：能够通过查阅资料、观察优秀作品等方式，持续提升商品摄影水平；能够虚心倾听他人意见和建议，积极营造良好的团队合作氛围；能够树立严谨负责的工作态度，敢于创新，追求卓越。

教学建议

1. 教师活动

（1）准备学习资源：通过图文或视频等形式，介绍商品摄影主要设备的使用方法。

（2）知识讲解：系统介绍商品摄影各个环节，结合实际案例，深入浅出地讲解每个环节的重点和难点。

（3）实践过程指导：指导学生操作设备，展示商品拍摄流程，引导学生制订拍摄计划。

（4）组织讨论与测试：组织学生对商品拍摄流程中的关键知识与技能进行讨论，促进学生之间的交流和学习；鼓励学生发表不同观点，培养他们的批判性思维。

（5）提供反馈：对学生制订的拍摄计划和学习表现具体、及时地给予反馈，指出优点和改进方向。

2. 学生活动

（1）理论学习：听取商品摄影知识讲座，查阅商品摄影相关学习资源，了解商品摄影基本步骤和要求。

（2）案例分析：收集不同类型商品的优秀摄影案例，分析其采用的摄影流程和技巧；分组讨论案例中摄影流程的优点和可改进之处。

（3）实践学习：参观摄影实训室，学习商品摄影设备的使用方法。

（4）模拟实践：自己选择一件商品，模拟制订摄影计划；在小组内分享自己的计划，接受同学和老师的建议，进行修改完善。

（5）总结反思：总结学习过程中的收获和困惑，撰写学习心得；对照学习目标，自我评估对商品摄影流程的理解程度，找出不足并制定改进措施。

一、学习问题导入

商品摄影基本流程是怎样的？如何选择拍摄设备与照明设备？如何布光及绘制布光图？如何制订拍摄计划？

二、学习任务讲解

1. 商品摄影基本流程

（1）前期准备。

确定拍摄需求：了解商品的特点、用途、品牌定位和宣传目的；明确客户或自身对于照片风格、色调、构图等方面的期望。

选择摄影设备和照明设备：根据拍摄预算和拍摄需求选择合适的相机与镜头；根据商品外形特征选择合适的照明设备和控光设备。

布置拍摄场景：根据拍摄构思选择合适的场景，可以是纯色背景布、实景背景或者搭建的特定场景。

绘制布光图：确定光源的位置、类型，光线的强度、角度以及可能使用的柔光或遮光设备。

（2）拍摄实施。

商品清洁整理与摆放：清洁整理商品，根据拍摄构思摆放商品，突出其特色和优势。

光线调整：根据布光图布光并细致调整光线，确保商品外形特征得以最佳呈现，确保商品能与背景分离，画面有较强的层次感。

构图选择：根据拍摄要求，选择合理构图，将商品置于画面中心或放在交叉点或沿线位置，以达到突出主体的目的。

测试拍摄：校正相机白平衡设置，检查相机各项拍摄参数，拍摄测试样张，实时检查画面清晰度与影像质量，并与拍摄要求进行对比。

（3）交付反馈。

后期处理：挑选照片，调整照片，根据交付要求制作交付文件。

交付照片：按约定方式交付照片，并获取客户的反馈意见。

2. 商品摄影主要设备的使用

（1）成像设备的选择与使用。

相机及镜头的选择：一般而言，商品拍摄需求决定相机的选择，拍摄需求越高，对相机的要求越高，有时甚至需要技术相机、数码后背、移轴镜头等较特殊且不常见的设备。在多数情况下，主流的数码相机可以应对商品拍摄的要求，拍摄的质量更多取决于摄影者的拍摄技术、用光技术，以及审美能力，而非取决于设备本身。

曝光参数设置：正确设置相机的曝光参数可以获取高质量的成像。不管使用何种类型的相机，曝光参数的调整原则都是一致的，只是调整方法会因为相机品牌型号的不同存在一定差异。

以在室内使用通用型影室闪光灯拍摄商品为例，相机曝光参数的设置可参考表 4-1。

表 4-1 使用影室闪光灯时相机主要参数设置

拍摄光源	相机主要参数设置		说明
影室闪光灯	曝光模式	M 模式	手动模式
	快门速度	相机闪光同步速度	不同相机会有不同
	光圈	f8 至 f11 之间	兼顾成像质量与景深要求
	感光度	ISO 100 或更低	成像质量优先
	对焦模式	单次对焦、点对焦	注意防止焦点漂移
	图像格式	RAW+JPG	图像质量优先
	白平衡	自定义白平衡	布光后按照规范流程完成自定义白平衡设置
	图像风格	标准模式	如使用 RAW 格式后期无影响
	降噪功能	关闭	如使用 RAW 格式后期无影响
	图像优化	关闭	如使用 RAW 格式后期无影响
	镜头校正	开启	如使用 RAW 格式后期无影响
	镜头防抖	关闭	镜头防抖可能导致画质下降，建议关闭

提示:

1. 拍摄时如出现曝光偏差应优先调整光源输出，而不是调整相机参数去适应曝光。

2. 拍摄时应注意拍摄角度和取景范围，优先选择中等焦距（相当于全画幅 70 ~ 135 mm 焦距）视角。

不管使用何种光源，都应基于图像质量要求和景深要求来设置光圈和感光度的数值，而快门速度则需依据曝光要求进行相应调整，如果 LED 光源照度不足，则使用三脚架稳固相机和借助快门线触发快门是非常必要的。

（2）照明设备与控光设备的使用。

使用照明设备时，应首先熟悉设备的结构、特点、主要性能和适用范围，以及使用方法；然后能根据拍摄布光要求进行搭配和应用。通常情况下，拍摄小型产品用低功率输出光源，拍摄大型产品用高功率输出光源；在选择柔光箱时也基本遵循相同的规律，拍摄对象尺寸大，柔光箱的尺寸也要相应增加。此外，在布光时，还需特别考虑光源与主体之间的距离以及每个光源的照射角度与范围，以保证影调的细腻过渡和光效的整体效果。

控光设备及其附件的核心功能在于精准控制光线的光质、照射范围以及照射均匀度，它们对于营造理想的光线效果起着至关重要的作用。常见控光设备和附件的分类及功能如表 4-2 所示。

高水平的摄影师不仅应熟练运用常见的控光设备及附件，还需要具备创新能力，能够利用各种材料自制控光附件，从而将光线效果提升至最佳水平。

（3）其他辅助设备或附件的使用。

在商品摄影中，经常使用的其他辅助设备或附件如表 4-3 所示。

在使用技术相机时，应选择重型支撑系统。使用支撑系统时，每一个调整部件紧固后都应该不容易松动，同时摄影师应使相机系统的重心落在支撑系统的最佳受力点，确保设备与操作安全。

表 4-2 常见控光设备和附件的分类及功能

类别	名称	功能
柔光设备	柔光箱	能够使光线变得柔和、均匀，减少阴影的生硬感，有不同的形状和尺寸，如正方形、长方形、八角形、条形等
	柔光伞	可以大面积地反射光线，提供较为柔和且广泛的照明效果，一般分为白色和银色两种，银色的反光效果更强，白色的光线更柔和
	柔光屏	通常由半透明的材质制成，如白色的亚克力、聚酯纤维等，具有多种尺寸，主要通过改变柔光屏与光源和被摄物体的距离、角度来调整光线的柔和程度和覆盖范围
	反光板	主要为白色，具有不同尺寸和表面纹理，用于形成柔和的反射光，为阴影部分补充亮度，还可以通过调整角度和距离来改变反射光线的强度和方向
硬光设备	反光罩	用于增强光线的方向性和集中度，有标准罩、广角罩、长焦罩、斜口罩之分，可搭配不同角度的蜂巢片、遮光叶片或滤光片使用
	束光筒	将光线聚拢，形成狭窄而集中的光束，常用于突出被摄物体的局部细节或创造特殊的光影效果
	透镜 / 投影设备	一种带透镜的利用光学系统聚光和投影的设备及附件，能调整光束的范围及质量，还能通过安装投影片和滤光片投射不同的图案或者不同色彩的光线，调光效果要好于束光筒
遮光附件	遮光叶片	阻挡不需要的光线，严格控制光线的照射范围，主要为黑色金属片，一般安装在反光罩前端
	滤光片	一种改变光线色温的附件，主要结合反光罩或者投影设备使用
	遮光板 / 黑旗板	一般是黑色的吸光材料，如布料或金属板，有不同尺寸，用于阻挡特定方向的光线，以控制光线的照射范围和避免不必要的反射
其他设备	灯架	用于支撑光源的设备，有不同高度、尺寸和功能，如地灯架、顶灯架
	各种夹具	用于夹持较轻的控光附件的设备，种类较多，如魔术手

表 4-3 其他辅助设备或附件

名称	功能
三脚架	相机支撑设备，应针对相机的重量和结构进行选择
快门线	使用三脚架拍摄时必备，分无线控制和有线控制两种
校色卡	用于自定义白平衡或者拍摄用于后期色彩校正的样图
拍摄台	用于摆放拍摄商品的设备，有不同尺寸，可灵活采用或自制
相机用监视器	提供更大尺寸的构图与对焦辅助、色彩与曝光监控及图像分析功能
照度计 / 测光表	具有测光与色温检测功能，用于检查光线的强度与色彩

在使用快门线触发快门时，应根据快门速度选择是否需要预先升起反光镜（如单反相机），尽最大可能减少快门触发时的震动。

在使用白平衡板或者标准校色卡时，应确保使用流程和方法正确。

对作品有严格要求的摄影者还会选择使用照度计来检测光线的质量，如图 4-12 所示。

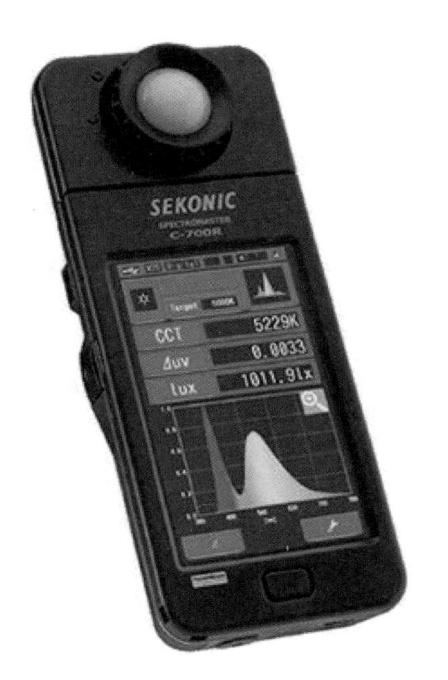

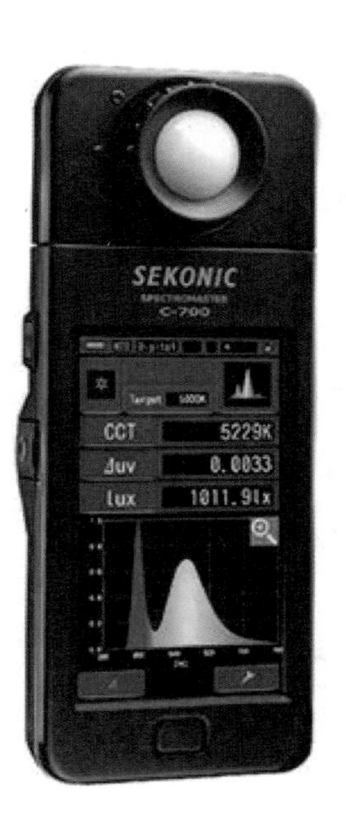

图 4-12 Sekonic 分光式显色照度计

3. 商品摄影布光

在商品摄影领域，理解并掌握布光方法可谓至关重要，较为常见的布光方法是逐层布光法。所谓逐层布光法，是指在布光的进程中，摄影师依照拍摄对象的特征以及造型，从商品的主要展示面着手进行布光，接着逐步增添光源，对其他展示面进行布光。在此期间，需不断地调整灯光的位置、角度、强度、光质以及照射范围，同时从拍摄角度去观察商品整体的光线效果，以确保商品的细节和特点能够得到充分展现。

分析商品摄影布光案例，主要是推测相关案例的光线效果是如何达成的，可以选择不同类型和定位的商品照片，按照如下顺序进行分析。

①主光的位置和性质：分析主光的照射角度和光质，以及其对商品形状、质感和立体感的塑造表现。

②辅光的位置和强度：分析辅光的照射角度、光质以及作用。

③背景光的运用：分析背景光的颜色、强度、角度和表现。

④光比评估：根据影像对比度和影调范围评估主光与辅光的光比。

⑤反射和阴影：分析商品表面对光线的反射情况，分析阴影的形状和深浅，以及材质再现情况。

⑥整体氛围和风格：思考布光所营造的整体氛围和风格是否体现了商品的营销点。

⑦商品特点的展现：分析布光方式是否有效地突出了商品的关键特点，如形状、颜色、细节等，以及使用修饰光的情况。

⑧一致性和协调性：观察各个光源之间是否协调，能否形成统一的光线效果。

通过对这些要点的分析，可以深入理解商品摄影布光的技巧，从而为自己的拍摄提供有益的参考。

4. 商品摄影布光图绘制

布光图是一种借助图示的形式来展示摄影布光方案的工具，通常由摄影师或者灯光师来绘制。

布光图的绘制可以使用手绘或者电脑软件来完成，其中手绘是一种快速有效的方法，并且有利于促进对布光方法的理解与思考。在绘制布光图时，可以使用工程制图纸，有利于确定光源、拍摄对象、背景之间的位置和距离关系。绘制布光图时应注意关键信息的标注，具体可以参照图 4-13 所示，清晰准确的标注可以让摄影师更准确地理解和重现预计的布光效果。

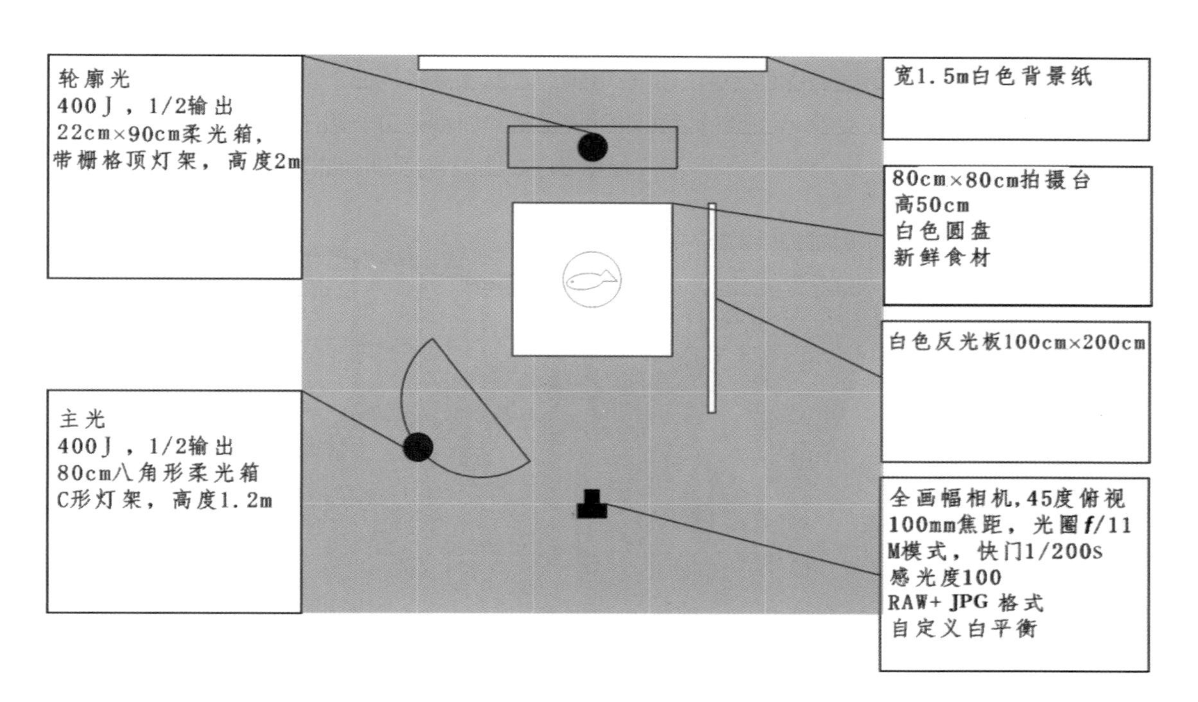

图 4-13　布光图示例

三、学习任务小结

本次任务主要学习了商品摄影的基本流程，重点介绍了商品拍摄过程中主要设备的运用技巧；还介绍了商品摄影布光案例的分析方法，有助于理解布光策略和技巧，从而帮助自己迈入商品摄影的大门，为提升拍摄水平打下良好的基础。

四、课后作业

学生自选一件商品，具体类型不限，并在小组内进行拍摄计划的分享和讨论。拍摄计划以 PPT 或者 PDF 文档的形式呈现，必须包括以下内容：

（1）参考样图，并且附有拍摄构思说明。

（2）拍摄布光图，并且信息标注完整。

商品摄影实践

教学目标

（1）专业能力：至少掌握一种商品类型的拍摄技巧，能够根据选择的商品和拍摄要求制订拍摄计划，实施拍摄，并且独立完成后期制作，使作品达到较高的质量标准。

（2）社会能力：通过小组合作完成商品摄影项目，培养沟通、倾听、协作能力，能够解决拍摄过程中遇到的问题；能够遵守行业规范与法律法规，维护商业道德与社会道德。

（3）方法能力：能根据拍摄进度安排，在规定时间内完成商品摄影任务；能对实践作品进行自我评估和分析，总结经验；具备创新思维，敢于尝试不同的拍摄手法和表现形式。

学习目标

（1）知识目标：能够分析商品的特点，至少深入掌握一种商品类型的专业拍摄方法；熟悉拍摄计划的制订方法；掌握后期制作的技巧和方法，能够运用相关软件对作品进行处理。

（2）技能目标：能够按照拍摄计划实施拍摄，通过自主学习和团队合作解决拍摄过程中遇到的技术问题；能够对自己完成的作品进行准确评估和分析，总结经验教训。

（3）素质目标：能够管理拍摄进度，在规定时间内完成商品摄影任务；能够坚持工匠精神，保证拍摄作品达到行业标准；能够尝试新的拍摄手法和表现形式，遵守行业规范与法律法规。

教学建议

1. 教师活动

（1）设计多样化的商品摄影实践项目，为学生提供真实的拍摄情境。

（2）组织学生进行作品互评和交流，引导学生相互学习、共同提高。

2. 学生活动

（1）分组完成实践项目，进行小组内部的分工与协作。

（2）积极参与作品互评，发表自己的见解和建议，完成学习小结。

一、学习问题导入

摄影实践是提高摄影技术水平的重要手段。本次商品拍摄任务主要以日常商品为拍摄对象，拍摄照片用于电商平台的销售展示，要求突出商品的外在特征，同时考虑商品的广告诉求。

二、学习任务讲解

本次商品拍摄可选任务及要求如下。

1. 特色美食拍摄

任务描述：为某美食品牌拍摄一组特色美食类产品图片，要突出零食的丰富口味、新鲜质感和精美包装。任务要求如下。

（1）选择至少 4 种不同的零食进行拍摄。

（2）精心准备合适的道具，营造美食氛围。

（3）运用侧光和逆光来展现零食的色泽和立体感。

（4）注意拍摄时的色彩还原，确保零食看起来美味可口。

（5）后期制作中，适当调整饱和度和锐利度，但要保持自然真实的感觉。

（6）每组提交至少 12 张高质量的成品图片。

（7）组织展示和评价活动，由其他小组和教师进行评价，提出改进意见。

特色美食摄影参考图如图 4-14 所示。

图 4-14 特色美食摄影

2. 中国风服装拍摄

任务描述：为某电商服装品牌拍摄一组中国风服装，需要展现服装的古典款式、精致细节、舒适材质和整体搭配风格。任务要求如下。

（1）选择至少 3 套不同风格或者款式的服装进行拍摄。

（2）设计富有创意和季节感的拍摄场景或者造型。

（3）运用多种拍摄角度和构图方式，突出服装的特点和优势。

（4）注重模特的造型和姿态，展现服装的穿着效果。

（5）后期制作中，对色彩、对比度进行适当调整，去除瑕疵，使图片清晰、美观。

（6）提交符合电商平台上架要求的照片，数量至少 15 张。

（7）组织展示和评价活动，由其他小组和教师进行评价，提出改进意见。

中国风服装摄影参考图如图 4-15 所示。

图 4-15 中国风服装摄影

3. 潮流鞋类拍摄

任务描述：为一款新推出的运动鞋拍摄宣传图片，突出其独特设计、舒适脚感和优质材质，需要展示鞋子的整体外观、细节特点和不同角度的效果。任务要求如下。

（1）搭建和品牌风格一致的拍摄场景。

（2）展现鞋子的材质纹理和细节工艺。

（3）使用特殊的灯光效果来突出鞋子的特色。

（4）拍摄鞋子的上脚效果，体现其舒适度和时尚性。

（5）后期制作中，强调鞋子的造型和质感，增强视觉冲击力。

（6）提交 8 ~ 10 张高质量的成品图片。

（7）组织展示和评价活动，由其他小组和教师进行评价，提出改进意见。

4. 时尚箱包拍摄

任务描述：为一款新上市的女士手提包拍摄图片，展示其外观、内部结构、材质，要体现手提包的时尚设计和实用性。任务要求如下。

（1）选择合适的背景和搭配物品，如服装、饰品等，营造时尚氛围。

（2）运用多种光型，如主光、辅光、背景光等，展现手提包的立体感和质感。

（3）拍摄手提包的细节，如拉链、搭扣、内衬等，方便消费者了解产品。

（4）后期制作中，对图片进行裁剪和调色，使其符合电商平台的要求。

（5）提交 10 ~ 12 张成品图片，包括整体图、细节图和使用效果图。

（6）组织展示和评价活动，由其他小组和教师进行评价，提出改进意见。

5. 学习任务实施

学习小组随机从上述任务中抽取一个进行实践拍摄，具体商品素材由小组成员共同准备。在获取学习任务后，按照下列流程展开实践。

（1）解读任务：由组长组织组员对学习任务进行讨论，查找和分析同类商品的拍摄样张，明确本任务的拍摄要求与制作要求。

（2）制订计划：小组协同制作拍摄进度表，做好分工合作安排，准备拍摄样品，熟悉拍摄设备，绘制拍摄布光图。

（3）确认计划：与专业老师确认拍摄计划的可行性。

（4）实施与控制：根据学校拍摄设施及设备情况，由专业老师分配拍摄实训室使用时段，拍摄时注意做好现场管理与记录，实时检查拍摄照片并纠正补拍。

（5）后期制作：小组协作对照片按电商平台要求进行优化处理。

（6）评价反馈：小组协作制作展示 PPT，PPT 必须包含拍摄计划制订与拍摄实施过程记录，由小组成员进行汇报，并由专业老师组织评价过程。

三、学习任务小结

本次学习任务主要通过小组合作，以接近于实际工作要求的拍摄任务为实践内容，锻炼同学们的主动学习与解决问题的能力，同时也提升同学们使用各种商品摄影设备的能力与技巧。同学们认真对待，将能以此为契机，拓宽视野，丰富思维，养成实干精神。

四、课后作业

学习小组组长负责撰写学习小结，并由组员共同签字确认，最后把学习任务实践相关成果的数字文件打包提交。

项目五

运动摄影

运动摄影的分类与基础

教学目标

（1）专业能力：掌握高速快门摄影、慢速快门摄影和轨迹摄影的概念，能辨别不同类型的运动摄影作品，熟悉运动摄影常见设备。

（2）社会能力：通过作品分析和讨论活动，培养沟通交流能力，能够准确表达观念；在小组实践拍摄中增强团队协作能力，能共同解决学习中遇到的问题。

（3）方法能力：通过分析不同类型的运动摄影作品，提升分析归纳能力；通过实践活动培养动手能力和自主探索能力。

学习目标

（1）知识目标：能概括高速快门摄影、慢速快门摄影和轨迹摄影的概念和特点。

（2）技能目标：能够分析摄影设备的性能是否适用于运动拍摄；能够识别不同类型的运动摄影作品，并分析其拍摄技巧。

（3）素质目标：能与他人交流和协作，参与讨论和分享。

教学建议

1. 教师活动

（1）利用课件展示不同类型的运动摄影作品和摄影设备，详细讲解其分类特点、技术原理和创作思路。

（2）组织课堂讨论，引导学生分析作品的专业技巧和审美价值。

2. 学生活动

（1）认真听讲并做好笔记，积极参与讨论与案例分析。

（2）自主查阅相关资料，踊跃参与知识问答与模拟讲解。

一、学习问题导入

运动摄影的概念是什么？它可以如何分类和区分？运动摄影需要哪些摄影设备，该如何选择？

二、学习任务讲解

1. 运动摄影的概念

运动摄影是一种专注于捕捉各种动态对象和场景的摄影形式。它依赖于摄影师的专业知识和技能，精准地定格动态瞬间，展现动态中的速度、力量、节奏和情感。在运动摄影的实际操作中，摄影师需要掌握众多知识和技巧。比如，了解快门速度对动态主体清晰程度的影响，根据不同的运动速度选择合适的快门值；清楚光线条件对画面的作用，合理调整感光度和光圈以获得理想的曝光效果；善于从不同角度拍摄并运用恰当的构图方法，突出动态主体的特征和运动轨迹；同时，具备快速的反应能力和精确的对焦能力，以便及时有效地捕捉动态变化。

运动摄影并非单纯记录动态表象，而是通过摄影的方式对画面色彩、虚实、背景等元素按设想进行呈现，深入表达主题。无论是哪种题材的动态摄影，都旨在让观者感受到作品背后的信息与情感，使那些短暂而精彩的瞬间得以长久定格。

2. 运动摄影范畴

运动摄影涵盖了极其广泛的领域，按拍摄内容一般可以分为以下几类。

（1）体育运动摄影：这是运动摄影中较常见的一类，专注于各种正式的体育比赛和训练活动。拍摄内容涵盖众多项目，从热门的篮球、足球、网球，到相对小众的击剑、马术等，通过捕捉运动员的精彩动作、激烈对抗以及胜利或失败后的表情，展现体育精神和竞技魅力。

（2）自然运动摄影：将镜头对准大自然中的动态元素，包括动物的运动状态以及植物的生长变化，如动物的跳跃扑食、鸟类的振翅高飞、水流的流淌、云雾的翻滚等，旨在展现大自然的神奇和生命的力量。

（3）极限运动摄影：聚焦于具有高风险和刺激性的极限运动，如攀岩、跳伞、冲浪、翼装飞行等。这类摄影作品通常突出运动员的勇气、技巧和挑战自我的精神，给观众带来强烈的视觉冲击和心灵震撼。

（4）日常运动摄影：关注人们日常生活中的各种运动场景，比如清晨公园里的晨练人群、校园操场上的学生体育活动、社区中的健身操表演等，以朴实而真实的视角，展现普通人在生活中积极向上的运动态度。

（5）舞台表演摄影：针对舞台上的舞蹈、戏剧、杂技等表演进行拍摄，通过捕捉演员们的动作、表情和舞台的灯光效果，传达表演的艺术魅力和情感内涵。

（6）科技与工业运动摄影：拍摄现代科技和工业生产中的动态过程，如机器的运转、流水线的作业、机器人的操作等，展示科技进步和工业发展的力量。

（7）商业领域动态摄影：为了表现商品动态特征或者广告诉求而进行的拍摄，要求对运动特征和光线使用进行精确的控制。

（8）轨迹摄影：主要指拍摄运动对象一段时间内的运动状态，运动对象可快可慢，运动时间可长可短，可以是单张照片慢门拍摄，也可以是多张照片后期合成。

运动摄影作品如图 5-1 ~图 5-3 所示。

图 5-1 日常运动摄影

图 5-2 舞台运动摄影

图 5-3 极限运动摄影

3. 运动摄影设备

运动摄影往往对设备有一些特定的要求。下面对相关设备的性能特征进行说明，以供选择和使用时参考。

机械快门与电子快门是目前主流相机上两种常见的快门类型，不同的相机快门存在性能上的差异，如表 5-1 所示。一般来说，高端相机同时拥有机械快门与电子快门，且性能指标都很高，而低端相机尤其是单电类型相机只有（纯）电子快门，早期的数码单反相机则两种快门都具备。需要注意的是，这里所说的机械快门通常是一种由电子控制的焦平面机械快门，而电子快门还有卷帘快门与全域快门之分。

表 5-1 数码相机快门类型及性能特征

<table>
<tr><th colspan="2">快门类型</th><th>性能特征</th><th>应用场景</th></tr>
<tr><td rowspan="2">机械快门</td><td>低端
机械快门</td><td>快门速度范围相对较窄，一般是 30 秒至 1/4000 秒；
使用纸质快门材料，耐用性相对较弱；
连拍速度较低，快门响应有迟滞；
闪光同步速度一般为 1/125 ～ 1/160 秒</td><td>一般的静态摄影、日常拍摄等场景</td></tr>
<tr><td>快门</td><td>快门速度范围较广，可达数分钟至 1/8000 秒甚至 1/16000 秒；
使用金属材质快门材料，耐用性和可靠性都很高；
连拍速度可达每秒 12 张，快门响应及时；
闪光同步速度可达 1/250 ～ 1/400 秒</td><td>高质量、高强度、各种题材的专业摄影</td></tr>
<tr><td rowspan="2">电子快门</td><td>电子
全域快门</td><td>速度高达数万分之一秒，能够同时捕获所有像素的光线信息，不会产生果冻效应，在拍摄快速运动的物体或在相机快速移动时，能够捕捉到清晰、无失真的图像；
闪光灯的同步速度非常高，整个传感器的光线在完全相同的时间内被捕获，在任何速度下使用闪光灯，整个图像都会被均匀照亮，不受传统快门速度的限制，能更好地配合闪光灯进行拍摄；
全域快门传感器的动态范围相对较窄，在同时拍摄明亮和暗的区域时，可能会出现细节丢失或过曝的问题</td><td>适合对画面质量要求极高，尤其是需要避免果冻效应的场景，如专业的体育摄影、高速动作摄影、影视摄影等</td></tr>
<tr><td>电子
卷帘快门</td><td>通过逐行扫描的方式进行曝光，并非所有像素同时曝光，存在一定的时间差，在拍摄运动物体时，物体在画面中会发生扭曲、变形，即果冻效应；
存在一定的闪光同步速度限制，当快门速度过快时，可能无法让单次闪光完全照亮整个图像，导致画面部分区域曝光不足或不均匀</td><td>一般的静态摄影、日常拍摄等场景，在应用于专业拍摄时需注意拍摄内容</td></tr>
<tr><td colspan="2">电子
前帘
快门</td><td>介于机械快门和电子快门之间的快门方式，具有电子快门的特征；
机械后帘的参与在一定程度上减轻了 CMOS 数据逐行读出的压力，因此能减少电子快门中常见的果冻效应；
减轻了机械快门的震动，一定程度上提升了清晰度；
由于无机械前帘参与，提高了快门响应速度，延长了快门寿命；
通常快门速度不能超过 1/2000 秒，可能会因快门速度过高产生切光斑、耀斑、色带等影响画质的情况</td><td>需要拍摄低延迟的场景时，比如活动抓拍、高速连拍；
需要慢门、高像素、长焦拍摄时</td></tr>
</table>

通过对比可以发现，新型电子全域快门具有很高的性能，同时还具有电子快门安静的特点，是未来的主要发展趋势。

对焦系统的性能在运动摄影中起着至关重要的作用，直接关系到运动摄影作品的成败。首先，快速准确的对焦响应能够确保摄影师在瞬间捕捉到运动主体的清晰画面。比如在拍摄短跑比赛时，运动员从起跑到加速冲刺，对焦系统若不能迅速跟上其速度变化，拍摄的照片可能就会错失精彩瞬间。其次，强大的连续对焦能力可以持续跟踪运动中的主体，保持焦点的准确性，如果对焦系统无法持续锁定运动员，那么拍摄到的画面很可能会出现失焦，影响照片的质量和表现力。再次，对焦的精度直接决定了图像的清晰度，高精度的对焦系统能够精准聚焦，减少漂移。另外，目前优秀的对焦系统还具有智能识别功能，能够识别不同的运动主体，比如对象识别、眼睛识别等功能。最后，对焦系统在不同光线条件下的稳定性也很重要，即在强光、阴影和逆光等不同环境中保持对焦性能。

高速连拍会增加摄影师捕捉到精彩瞬间的机会，而较大的相机缓存支持更长时间的高速连拍。一些新型相机还支持保存触发快门前的一定时间范围内的动态影像，如尼康 Z9 在特定设置下可以记录按下快门之前约 1 秒的动态影像，让摄影师在拍摄高速运动的场景时更加从容。

镜头的焦距、最大光圈、对焦性能、成像质量等各种参数对运动摄影有不同的影响。比如最大光圈下的出色光学素质有助于拍摄更清晰锐利的影像，又比如不同的对焦马达的对焦速度也有着显著的不同。对运动摄影来说，拥有优良可靠的镜头是非常必要的。

在体育摄影中，一个轻便可靠的独脚架非常必要。在野生动物摄影中，可靠的三脚架又成为必需品，同时可能还需要辅助光源与快门遥控装置。在极限摄影中，稳定器又非常重要，同时可能还需要运动相机或者航拍设备。

4. 运动摄影分类

通常而言，在拍摄运动题材时，快门速度的选择对画面成像效果有着至关重要的影响。快门速度对运动影像清晰度的影响如图 5-4 所示。简单来讲，我们可以将运动摄影分为高速快门摄影、低速快门摄影和轨迹摄影这三种。

对于高速快门摄影，通常会根据运动对象的速度、方向、距离，再结合现场光线，尽量选择高的快门速度，以达到凝固运动瞬间的作用。比如拍摄百米决赛中运动员冲线的瞬间，使用 1/2000 秒以上的高速快门，能够清晰定格运动员冲线时激动的面部表情、紧绷的肌肉以及身体前倾的姿态，让每一个细节都清晰可见。

低速快门摄影适用于更广泛的动态题材，其中也包括运动摄影，表现的是运动的过程与意境。比如选择 1/15 秒低速快门追随拍摄夜晚街头玩滑板的少年，人物的清晰身影中又带有一定的动感模糊效果，背景中的灯光形成了漂亮的光线拖影，营造出一种充满活力的氛围。

轨迹摄影通常有两种典型的拍摄方法。一种是固定机位记录拍摄对象的运动轨迹，快门速度可能是数秒或者几十分之一秒，比如拍摄夜晚的车流或者节日的焰火。但如果拍摄星轨，则更多使用堆栈摄影的技巧，目前许多新型的数码相机都具有堆栈摄影的功能，可以让摄影师进行多张照片的拍摄，然后通过后期软件进行堆栈处理，以获得更好的拍摄效果。轨迹摄影如图 5-5 所示。

图 5-4 快门速度对运动影像清晰度的影响示意图

图 5-5 轨迹摄影

三、学习任务小结

本次学习任务主要针对运动摄影的概念、范畴、设备以及分类做了介绍，重点解读了与运动摄影密切相关的设备性能指标和参数设置，同时对快门速度对运动影像的影响进行了分析。对以上知识点多加理解和消化，能够有效提升对运动摄影的认知。

四、课后作业

（1）选择一种适合拍摄野生动物的照相机，并从设备的性能参数角度说明选择的理由。

（2）收集不同题材和不同类型的运动摄影作品，数量不少于 10 幅，并整理制作成 PPT，按小组在课堂上进行分享，注意要从技术和审美两个角度进行阐述。

运动摄影的技巧

教学目标

（1）专业能力：理解运动摄影中常用构图原则，能分析不同光线条件下的取景策略，以及处理色彩和影调的原理和方法；能根据运动速度、光线状况和拍摄需求，正确设置快门速度、光圈大小和感光度值；能使用各种对焦模式，在复杂运动场景中精准捕捉运动主体；能熟练运用预设置功能，提高捕捉精彩瞬间的能力，并提高在不同运动场景中选择和运用合适镜头的能力。

（2）社会能力：通过小组讨论和作品分享活动，培养学生的沟通交流能力和团队协作精神；在拍摄实践中增强学生的合作意识。

（3）方法能力：指导学生分析运动场景特点，培养其灵活运用所学知识进行摄影参数设置和技巧选择的能力；引导学生通过自主实践和反思，不断改进运动摄影的方法和技巧；激发学生的创新思维，鼓励学生尝试不同的拍摄手法和表现形式，展现独特的运动之美。

学习目标

（1）知识目标：能理解运动摄影中常用构图原则在不同运动场景中的应用规律；能理解不同光线条件对运动摄影的取景影响，并熟知相应的处理策略；能掌握运动摄影中色彩搭配和色调控制的原理及应对方法。

（2）技能目标：能依据运动速度、光线状况及拍摄需求，准确快速地设置恰当的快门速度、光圈大小和感光度值；能在复杂的运动场景中精准、迅速地捕捉运动主体；能在多样化的运动场景中选择并灵活运用合适的镜头。

（3）素质目标：能敏锐感知运动摄影作品中所蕴含的力量、速度和激情等各类情感元素；能够从审美视角准确区分优秀与普通的运动摄影作品，并阐述其本质差异。

教学建议

1. 教师活动

（1）制作多媒体课件，通过实例讲解运动摄影的核心技巧，引导学生从审美和技术层面分析作品。

（2）组织实践活动，带领学生实地拍摄，训练各种核心技巧。

（3）设定不同的具有挑战性的拍摄主题，鼓励学生进行创意性拍摄，组织作品展示与评价。

2. 学生活动

认真听讲并做好笔记，积极参与实践任务，踊跃参与作品分享与评价。

一、学习问题导入

在拍摄运动题材时如何快速构图？如何在快速变换的场景中准确曝光？如何拍到清晰的运动瞬间？如何根据不同的拍摄内容选择镜头？如何发掘运动题材中的情感元素？如何提升运动摄影作品的审美表现？

二、学习任务讲解

1. 运动摄影技术要点

从技术层面来讲，运动摄影无疑是最能展现照相机使用技巧的摄影题材之一。在进行运动摄影时，摄影师不仅要能够精准理解照相机的各种参数，更要能够熟练操作照相机，唯有如此，才能保证所拍照片的质量和效果。出色的运动摄影作品通常具有以下特征。

（1）清晰的主体：运动主体是运动摄影中最重要的元素，拍摄时首先要确保主体清晰，同时要兼顾焦点清晰、构图合理以及关键瞬间的捕捉。尽管优良的设备能为实现以上要求提供一定便利，但摄影师自身具有熟练的拍摄技能才是关键。例如，拍摄足球运动员射门的瞬间，需要迅速对焦，抓拍运动员的脚部动作，同时选择简洁的背景以突出主体。

（2）正确的曝光与景深控制：在拍摄快速运动物体的进程中，光线状况可能会随着相机的移动或者背景的变化而发生改变，因此摄影师在设置曝光参数时，常常需要在影像清晰度、景深、画质以及曝光量之间快速找到最佳平衡点，这相比静态摄影要复杂。比如拍摄运动中的人，若使用自动曝光模式，可能导致照片中的主体时亮时暗，失去一部分层次感和氛围感；若景深控制不佳，则主体关键部位可能虚焦，导致拍摄失败。

（3）快速准确地对焦：运动摄影中，主体的移动速度较快，摄影师必须能够迅速而准确地对焦，以确保主体清晰。现代相机的连续对焦功能在此发挥着重要作用，但仍需要摄影师根据实际情况进行合理设置和调整。

（4）合适的快门速度：为了定格运动瞬间，避免主体模糊，通常需要较高的快门速度。但快门速度也并非越高越好，过高可能导致曝光不足，因此要综合考虑光线条件进行选择。

（5）连拍功能的运用：在精彩瞬间转瞬即逝的情况下，相机的连拍功能可以帮助摄影师抓取多个瞬间，提高获得理想照片的概率。

总之，运动摄影对拍摄技术的要求极高，摄影师需要不断练习和积累经验，才能在复杂多变的拍摄场景中拍摄出优秀的作品。运动摄影作品如图 5-6 ～图 5-8 所示。

图 5-6 运动摄影 1

图 5-7 运动摄影 2

图 5-8 运动摄影 3

2. 运动摄影的相机设置技巧

（1）运动对象及场景分析。

在拍摄运动题材时，首先应进行运动对象和场景分析，而不是简单地应用相机的运动模式进行拍摄。经验丰富的运动摄影师首先会对运动对象的运动特点和拍摄环境的光线情况进行分析，比如运动的速度和方向变化情况、场景的光线方向及变化情况、运动对象运动时的背景亮度变化情况，以及可选择的拍摄位置与拍摄角度。这些情况都与拍摄器材的选择和设置密切相关，所以拍摄前做好拍摄对象和拍摄场景研究，是非常重要的。

（2）曝光设置技巧。

现代相机的自动曝光功能为拍摄提供了许多方便，但自动曝光可能存在不准确的情况，比如主体与背景的光线对比较大的情况，又如相机追随运动对象时，光线时明时暗的情况。因此建议在光线稳定的情况下使用自动曝光（TV 模式）功能，其他情况则使用手动曝光模式，并优先保证主体的准确曝光。

曝光设定时，优先考虑快门速度，以确保影像清晰度。一般来说，应根据拍摄对象的运动速度设定快门速度，这需要一定的经验。运动速度相同的拍摄对象，拍摄角度、拍摄距离，以及其在画面中的大小不同，保证其清晰的快门速度都会不同，如拍摄赛车在弯道飞驰的场景，由于拍摄距离较远，可以适当降低快门速度，一般 1/500 秒就已经足够。

感光度是第二个需要斟酌的曝光参数，现代数码相机高感光度成像质量已有显著提升，但在感光度超过 3200 时，必须权衡快门速度和光圈值。

在运动摄影曝光时，光圈的首要作用是平衡曝光量，然后是调整景深。大光圈长焦镜头对运动摄影师来说必不可少，在实际运用时，往往是光圈大一挡，快门速度就能快一挡，影像就可能更清晰。因此大光圈带来的浅景深效果并不一定是最优先的考量。

（3）对焦设置技巧。

运动摄影中，准确地对焦是捕捉精彩瞬间的关键。以下是一些运动摄影对焦设置的技巧，可根据实际情况进行选择。

①连续自动对焦（AFC）：这是运动摄影中最常用的对焦模式，相机能够持续跟踪运动中的主体，不断调整对焦，确保主体始终保持清晰。

②区域对焦：选择多个对焦点组成的区域进行对焦，这样，即使主体在预定区域内稍有移动，相机也能快速找到对焦点，保持主体清晰。

③扩展对焦：当主体运动较为复杂，可能会突然改变方向或速度时，使用扩展对焦可以增加对焦的成功率。

相机不仅对选定的点对焦，还会对其周围的几个点进行监测和对焦。

④预对焦与利用参照物对焦：这两种方法思路上比较一致，都需要预测主体运动路径，将焦点提前设置在可能出现的位置。

一些新型的特别是针对运动摄影的照相机增加了智能识别、预拍摄、眼控对焦等功能，对焦系统可以追踪摄影师的视线，智能识别拍摄对象，并能记录快门触发前一定时间内的影像，再结合超高速连拍功能，可极大地增加成功拍摄动态照片的可能性。

（4）其他设置技巧。

以外，还要注意镜头对焦范围的选择、高速存储卡的使用、照片格式的设置、图像内部处理功能（如降噪、镜头校正、图像动态范围优化等功能）的关闭，这些设置可以在一定程度上改善相机的反应速度。

3. 运动摄影实践

任务描述：通过拍摄足球活动，熟练掌握运动摄影的拍摄技巧，包括对焦、曝光、构图等，提升捕捉不定速、不定向运动瞬间的能力。任务内容和要求如下。

（1）对焦练习：选择一名运动员作为拍摄对象，使用连续自动对焦（AFC）模式和单点对焦，用镜头跟踪移动的球员，确保其始终清晰对焦。尝试不同的对焦点选择和扩展对焦区域，观察对焦效果，合适时直接拍摄。

（2）曝光练习：根据场地的光线条件，设置合适的快门速度（如 1/500 秒以上）、光圈（如 *f*/2.8 ~ *f*/5.6）和感光度（如 auto），保证画面的亮度和清晰度，注意球员的阴影和高光部分，适时调整曝光补偿，避免过曝或欠曝。

（3）构图练习：拍摄比赛中的全景、中景和特写镜头，注意背景的选择、画面的平衡和主体的突出。运用三分法、引导线等不同构图原则，增强画面的吸引力。

（4）瞬间捕捉练习：专注于球员的射门、传球、扑救等关键时刻，提前预判动作，捕捉精彩瞬间。尝试拍摄球员的表情、团队的配合以及观众的反应，多角度展现比赛的氛围。

（5）训练要求：拍摄不少于 200 张照片，挑选出 20 张优秀作品，分析其拍摄技巧和成功之处。针对拍摄中出现的对焦不准确、曝光失误、构图不佳等问题，进行反思和改进。

三、学习任务小结

本次学习任务主要对运动摄影技巧进行了介绍，包括技术要点与拍摄技巧，同时提出了拍摄前分析的重要性。在训练任务中也提出了明确的要求，需要严格参照执行。

四、课后作业

分组挑选作品进行展示，包括失败的作品，并总结拍摄中的技术心得和遇到的问题；对典型问题进行讨论，并提出解决方法，课后进行验证。

田径比赛的拍摄

教学目标

（1）专业能力：能分析比赛特点，根据运动赛场的布局和光线角度选择拍摄视角；能识别田径比赛中运动员的表情和肢体语言；能根据不同田径项目的特点，准确快速地调整各项拍摄参数，能根据拍摄场景和赛场情况灵活切换镜头角度，展现比赛全景和特写；能对拍摄作品进行筛选和后期处理，提升作品艺术价值。

（2）社会能力：通过小组讨论和作品分享活动，培养学生的沟通交流能力和团队协作精神；在拍摄实践中，鼓励学生团结合作；强化学生的安全意识，使学生在拍摄时遵守安全规范，并尊重运动员和观众的合法权益。

（3）方法能力：指导学生分析田径比赛特点，培养其针对性运用摄影技巧的能力；激发学生的创新思维，鼓励学生尝试不同的拍摄手法和表现形式，展现独特的运动之美。

学习目标

（1）知识目标：熟悉田径比赛中各个项目的特点和关键动作瞬间；能根据田径赛场不同区域的布局和光线角度选择拍摄视角；熟悉田径比赛中运动员的表情以及肢体语言，并知道捕捉这些元素的相关摄影知识。

（2）技能目标：能根据不同田径项目的速度和节奏，迅速调整快门速度、光圈和感光度，确保曝光准确；能准确使用对焦模式锁定运动员在起跑、冲刺等关键时刻的动作；能根据拍摄场景和需求灵活切换镜头角度，展现比赛的全景和特写；能够对拍摄的作品进行筛选和后期处理，使其更具艺术价值。

（3）素质目标：能够在田径比赛摄影作品中展现运动员的拼搏精神和力量之美；能够针对不同的田径比赛项目和场景，提前构思独特的拍摄创意和表现手法。

教学建议

1. 教师活动

（1）提供大量优秀的田径比赛摄影作品，并进行详细的分析和讲解，包括拍摄技巧、创意和背后故事。

（2）带领学生到田径赛场进行实地观察和拍摄练习，现场指导学生进行拍摄实践。

（3）组织学生进行作品分享和讨论，共同分析作品的优点和不足，提出改进建议。

（4）邀请专业的田径比赛摄影师进行经验分享和技巧传授。

2. 学生活动

（1）认真观察和研究教师提供的摄影作品，学习其中的技巧和创意。

（2）在田径比赛拍摄练习中积极尝试不同的拍摄角度，努力优化拍摄参数，积累拍摄经验与技巧。

（3）积极参与作品分享和讨论，倾听他人的意见和建议，不断提升自己的拍摄水平。

一、学习问题导入

不同田径比赛项目具有怎样的运动特征？该如何设置拍摄参数？赛场布局与光线是怎样的？比赛中有哪些场面可供拍摄？如何筛选照片？

二、学习任务讲解

1. 田径比赛特点分析与摄影作品赏析

田径比赛的主要特点是具有较强的可预测性。在田径赛场上，运动主体的方向通常较为明确，其速度可以通过前期的观察和经验进行大致预判，关键位置也能根据比赛项目和场地特点进行预估。摄影师可以根据不同项目的特点捕捉运动员的精彩瞬间，例如短跑的冲刺画面，掷铁饼者蓄力投掷之前的停顿，接力项目交接棒的时候等。

田径摄影作品赏析是提升田径摄影审美能力和田径摄影技术水平的重要方式，对具体摄影作品进行分析，可以在一定程度上还原摄影师拍摄作品时所面临的情境。赏析摄影作品时要细致分析作品的构图与拍摄技巧，包括可能使用的拍摄参数，以及拍摄现场的光线和拍摄位置等。短跑运动和跳高运动摄影作品如图 5-9 和图 5-10 所示。

图 5-9 短跑运动摄影

图 5-10 跳高运动摄影

2. 田径比赛拍摄准备

（1）教师带领学生进行场地观察，学生需根据场地实际状况进行简单测量、记录，并绘制简易的场地示意图，标注拍摄者可选位置、运动者可能出现的关键位置，以及现场光照方向、背景的距离及亮度情况。注意：选择拍摄位置时要避免干扰比赛或者造成安全问题。

（2）根据比赛实际情况和场地示意图，制订拍摄方案。教师将学生进行分组，每组对不同类别的比赛项目进行分析探讨，明确拍摄位置、拍摄角度、拍摄方法、拍摄参数，以及拍摄器材。例如，对于短跑项目，拍摄方案可以详细表述如下。

①拍摄位置：终点冲线位置正前方 15 米左右，避免被运动员撞到。

②拍摄角度：平视或仰视。

③拍摄方法：采用高速连拍模式拍摄运动员冲刺前后的瞬间，捕捉运动员在不同瞬间的姿态和表情，提高获取精彩瞬间的概率。

④主要拍摄参数：TV 模式，快门速度设置在 1/1000 秒以上，自动感光度，自动白平衡，高速连拍，自动伺服对焦，宽区对焦或者区域对焦，若背景偏亮则曝光补偿设为正值，RAW 格式，降噪功能和机内处理功能关闭等。

⑤设备要求：使用中长焦大光圈变焦镜头，取景时视野覆盖所有跑道或者主要选手所在跑道，可选肩托式相机支架。

⑥照片预期效果：运动员冲刺前后的动作会被清晰定格，面部表情和身体每一块肌肉的紧张和发力状态都

能展现出来，背景虚化使得运动员主体更加突出，仿佛从画面中跃然而出，充满力量感和速度感。

（3）确认拍摄方案。教师对拍摄方案进行展示和点评，供学生在实际拍摄中参考。在展示和点评的时候，需要对拍摄方法、拍摄参数进行一定的解释。

（4）测试拍摄方案。学生到比赛场地按照拍摄方案进行拍摄练习，验证拍摄方案的可行性，对实际出现的问题进行思考与解决，并优化拍摄方案。

3. 田径比赛拍摄实践

在田径比赛拍摄实践当日，学生必须提前做好准备，而且要提前到达现场，感受现场氛围，同时深入了解比赛流程。到达现场后，要根据比赛流程按拍摄方案迅速找到合适的拍摄位置，观察实际比赛情况和光线情况，并灵活做出应对。

在拍摄过程中，要根据不同的比赛项目和运动员的表现及时调整拍摄策略，对于一些高速运动的项目，如短跑和跨栏，要充分发挥相机高速连拍和伺服对焦的功能，尽可能捕捉精彩瞬间；对于需要展现技巧和姿态的项目，如跳高和跳远，要把握好运动员起跳和腾空的关键时刻。

每拍摄一组照片后，要及时回放检查，反思拍摄过程中存在的问题。如果发现拍摄效果有偏差，要及时进行调整和改进。同时，学生之间可以相互交流拍摄经验和心得，分享在拍摄过程中遇到的有趣故事和突发状况的应对方法。

田径比赛摄影作品如图 5-11 和图 5-12 所示。

图 5-11 田径比赛摄影 1

图 5-12 田径比赛摄影 2

三、学习任务小结

本次学习任务主要是通过有计划、有准备的实践来检验所学到的运动摄影知识和技能。同学们一定要明白“预则立，不预则废”的道理，运动摄影的拍摄内容具有一定的偶然性和突发性，机会稍纵即逝，拍摄前做好预案是非常重要的。

四、课后作业

（1）比赛结束后，及时整理拍摄的照片和素材，将它们分类保存，并将优秀的作品按照展示输出的要求进行优化调整。

（2）每组学生挑选优秀作品进行展示和分享，通过互相评价和讨论，进一步提升自己的拍摄水平和审美能力。

项目六
新闻性专题拍摄

学习任务一 新闻性专题的拍摄手法
学习任务二 新闻性专题的拍摄技巧
学习任务三 学术会议专题的拍摄

新闻性专题的拍摄手法

教学目标

（1）专业能力：掌握新闻性专题类型和拍摄手法，提高新闻敏感度，能准确把握新闻热点和社会需求，确定有价值的专题主题。

（2）社会能力：培养社会责任感和使命感，能够关注社会问题，传播正能量，为社会发展做出贡献。

（3）方法能力：能不断学习和掌握新的新闻知识和技能，适应不断变化的新闻行业发展需求。

学习目标

（1）知识目标：了解新闻性专题的定义、特点、分类、拍摄手法，以及新闻工作者的职业责任和道德规范。

（2）技能目标：能运用不同的摄像手法进行新闻场景的拍摄。

（3）素质目标：培养职业道德，坚守新闻的真实性和客观性；培养批判性思维，能对拍摄内容进行深入分析和评价。

教学建议

1. 教师活动

（1）讲解新闻性专题的基本概念、特点、分类、基本拍摄手法，通过案例分析新闻影片的类型以及拍摄手法的基本知识和技能。

（2）组织学生对国内外优秀新闻性专题影片进行分析、解读，学习拍摄技巧和创作思路。

2. 学生活动

（1）认真听讲，积极参与课堂讨论和案例分析，掌握新闻性专题拍摄的基本知识和技能。

（2）组成小组，互相交流和学习，分享自己的学习心得，共同提高新闻性专题影片的制作水平。

一、学习问题导入

在这个信息爆炸的时代，新闻不仅是传递信息的载体，更是塑造公众认知、引发社会思考的重要力量。而新闻性专题拍摄作为记录时代变迁、捕捉社会瞬间的重要手段，其独特的魅力和深远的影响力不容忽视。接下来，让我们一起深入探讨这一领域的核心要素，从理论到实践，全方位提升我们的新闻拍摄技能。

当我们面对众多的新闻事件和题材时，我们该如何筛选呢？什么样的事件具有足够的新闻价值和深度挖掘的潜力呢？我们在确定主题的时候需要考虑哪些因素呢？是选择社会关注度较高的事件，还是选择同时具备时效性和重要性的事件呢？

二、学习任务讲解

1. 新闻性定义

新闻性，简而言之，是指新闻事件所具备的能够引起公众的广泛关注与讨论的特性，它涵盖时效性、重要性、显著性、接近性和趣味性等多个方面。在新闻性专题拍摄中，我们不仅要关注事件本身，更要深入挖掘其背后的社会意义和价值，以镜头为笔，记录那些能够触动人心、引发共鸣的瞬间。

2. 新闻性专题的基本特点

新闻性专题在新闻传播中具有重要的作用，它能够满足观众对深度新闻的需求，帮助观众更好地理解复杂的社会现象和重大事件，同时也为媒体提供了展示专业能力和社会责任感的平台。下面介绍新闻性专题的基本特点。

（1）深度性。

新闻性专题通常会对新闻事件或主题进行深入挖掘，不仅呈现事件的表面现象，还揭示其背后的原因、影响和发展趋势。通过采访多个相关人物、收集大量资料、进行深入分析，为观众提供更全面、更深入的信息。

（2）综合性。

整合多种新闻元素，包括文字、图片、音频、视频等，以丰富的表现形式展现新闻内容。同时，还会结合背景资料、专家解读、数据分析等，使报道更加立体、全面。

（3）主题明确。

新闻性专题围绕一个特定的主题展开，这个主题具有一定的新闻价值和社会关注度，可以是重大事件、热点问题、典型人物等，通过对主题的集中报道，引起观众的关注和思考。

（4）时效性与长期性结合。

一方面，新闻性专题关注当下的新闻事件或热点问题，及时进行报道和分析；另一方面，对于一些具有长期意义的主题，也会进行持续跟踪和深入探讨。

（5）客观性与公正性。

新闻性专题以客观、公正的态度呈现新闻事实，避免主观偏见和片面报道；通过多方面的采访和分析，为观众提供不同的观点和视角，让观众能够全面、客观地了解新闻事件或主题。

3. 新闻性专题分类

新闻报道的范围包括时政、经济、社会热点、文化、科技等各个领域，对于不同的领域，会采取不同的报道方式。下面对不同类别的新闻性专题进行介绍。

（1）时政新闻专题。

聚焦国家重大政治活动、政策发布、领导动态等时政领域的事件，例如“两会”专题报道、重大外交活动的跟踪报道等。时政新闻专题具有较高的权威性和严肃性，对公众了解国家的政治生活和发展方向有着重要的影响。

特点：信息准确、权威性强、涉及面广、时效性要求高。

（2）经济新闻专题。

围绕经济领域的重大事件、趋势、政策等进行深入报道，比如宏观经济形势分析、产业结构调整、重大经济项目建设等。经济新闻专题对于公众了解国家经济发展动态、企业经营状况以及市场趋势具有重要意义。

特点：数据丰富、专业性强、分析深入、对经济发展有指导作用。

（3）社会新闻专题。

关注社会生活中的热点问题、民生诉求、突发事件等，如社会热点事件的追踪、民生问题的调查、公益活动的报道等。社会新闻专题贴近百姓生活、反映社会现实，容易引起公众的共鸣。

特点：贴近生活、反映社会问题、具有人文关怀。

（4）文化新闻专题。

涵盖文化领域的各种现象、活动、成果等，包括文学艺术、传统文化、影视娱乐、体育赛事等方面的专题报道。文化新闻专题能够丰富人们的精神生活，促进文化的传承和发展。

特点：文化内涵丰富、艺术感染力强、促进文化交流与传承。

（5）科技新闻专题。

聚焦科技创新、科研成果、新兴技术等方面，例如重大科技突破、新技术应用案例、科技创新人物等方面的报道。科技新闻专题对于推动科技进步、普及科学知识具有重要意义。

特点：专业性强、前瞻性强、展示科技魅力、激发创新活力。

4. 拍摄手法的重要性

拍摄手法是新闻性专题作品的生命线。它决定了摄影师如何讲述故事，如何引导观众的情绪，乃至如何影响观众对事件的理解与判断。因此，掌握精湛的拍摄技巧对于每一位新闻摄影师都至关重要。它不仅关乎作品的艺术表现力，更直接影响到信息的准确传达和社会影响力的发挥。

（1）纪实拍摄。

①抓拍：在不干扰被拍摄对象的情况下，迅速捕捉真实、自然的瞬间，这对于记录新闻事件现场、人物的真实反应非常重要。比如，在突发事件现场，抓拍救援人员的紧张行动、受灾群众的表情等，能够展现出事件的紧迫性和真实感。

②跟拍：跟随被拍摄对象移动，连续记录其行动和变化，这种手法常用于跟踪报道人物活动、事件发展过程等。例如，跟拍一位环保志愿者的一天，展示他为保护环境所做的努力。

③长镜头：进行较长时间的连续拍摄，不进行剪辑切换，完整地记录一个场景或事件。长镜头可以让观众更直观地感受事件的真实性和完整性，增强专题的感染力。比如，在一场重要的会议现场，用长镜头记录整个会议过程和重要决策的产生过程，展现会议的严肃氛围。

（2）特写拍摄。

①人物特写：聚焦人物的面部表情、眼神、手部动作等细节，展现人物的情感和内心世界。在新闻性专题中，人物特写可以让观众更好地了解新闻事件中的关键人物，增强人物的表现力和感染力。例如，在采访一位抗洪

英雄时，拍摄他满是泥泞的双手和坚定的眼神，突出他的英勇无畏。

②物体特写：对与新闻事件相关的重要物体进行特写拍摄，如文件、证物、标志性物品等。物体特写可以提供重要的信息和线索，帮助观众更好地理解新闻事件。比如，在报道一起食品安全事件时，对问题食品进行特写拍摄，让观众清楚地看到食品的问题所在。

（3）多角度拍摄。

①不同视角：采用仰视、俯视、平视等不同视角进行拍摄，丰富画面的表现力。俯视角度可以展现宏大的场景和全局，仰视角度可以突出被拍摄对象的高大和威严，平视角度则让被拍摄对象显得更加自然和亲切。例如，在拍摄城市建设专题时，可以用俯视角度拍摄城市的全貌，用仰视角度拍摄高楼大厦的雄伟，用平视角度拍摄市民的生活场景。

②移动拍摄：通过移动摄像机的位置，从不同角度进行拍摄，增加画面的动感和变化。可以使用推、拉、摇、移等拍摄手法，使画面更加生动。比如，在拍摄一场体育比赛时，使用移动拍摄手法跟随运动员的动作，展现比赛的激烈和精彩。

（4）对比拍摄。

①前后对比：在新闻性专题中，可以拍摄事件发生前后的对比画面，突出事件的变化和影响。例如，在报道一个贫困地区的扶贫工作时，拍摄扶贫前的破旧房屋和贫困生活，与扶贫后的新楼房和幸福生活进行对比，展示扶贫工作的成效。

②好坏对比：通过对比不同的情况或行为，展现新闻事件的正面和负面。比如在报道环保问题时，拍摄污染严重的河流和美丽的自然保护区进行对比，呼吁人们保护环境。

（5）空镜头拍摄。

①环境空镜头：拍摄与新闻事件相关的环境场景，如城市街道、自然风光、建筑物等。环境空镜头可以为新闻性专题提供背景信息，营造氛围，增强观众的代入感。例如，在报道一个历史文化名城的专题中，拍摄古老的城墙、街道和传统建筑，展现城市的历史底蕴和文化魅力。

②细节空镜头：拍摄一些与新闻事件相关的细节物品或场景，如花朵、落叶、雨滴等。细节空镜头可以为新闻性专题增添情感色彩和艺术感，引起观众的共鸣。比如，在报道一位老人的故事时，拍摄老人手中的旧照片、院子里的老槐树等细节空镜头，表达老人的情感。

三、学习任务小结

通过本次任务的学习，同学们对新闻性专题的特点、分类、拍摄手法有了一个初步的认识。课后，同学们要多欣赏新闻性专题影片，并分析新闻性专题影片的类型和拍摄手法，全面提高自己制作新闻性专题影片的能力。

四、课后作业

在网络上搜索新闻性专题影片并进行赏析，对其报道内容、类型、拍摄手法以及运用的拍摄技巧进行总结。

新闻性专题的拍摄技巧

教学目标

（1）专业能力：掌握新闻性专题的拍摄技巧和方法，能够独立完成新闻性专题的拍摄任务。

（2）社会能力：培养社会责任感和新闻敏感度，能够关注社会热点问题，用镜头记录社会现实。

（3）方法能力：能够不断学习新的拍摄技术和方法，提高自己的专业水平。

学习目标

（1）知识目标：掌握新闻性专题的固定画面拍摄的概念、特性、作用、要求以及实时捕捉拍摄技巧。

（2）技能目标：掌握新闻性专题的拍摄技巧和方法，能根据拍摄内容选择合适的构图、光线和角度，展现新闻故事的视觉冲击力。

（3）素质目标：提高审美能力和艺术修养，能够拍摄出具有艺术价值的新闻画面。

教学建议

1. 教师活动

（1）讲解新闻性专题的拍摄技巧和方法，包括固定画面拍摄的概念、特性、作用、要求以及实时捕捉拍摄技巧。

（2）组织学生进行实地拍摄练习，指导学生运用所学的拍摄技巧和方法，提高学生的实际操作能力。

（3）对学生的拍摄作品进行点评和反馈，指出优点和不足，提出改进建议，帮助学生提高拍摄水平。

2. 学生活动

（1）认真听讲，积极参与课堂讨论和互动，学习新闻性专题的拍摄技巧和方法。

（2）组成小组，进行实地拍摄练习，运用所学的拍摄技巧和方法，完成新闻性专题的拍摄任务。

（3）互相交流和学习，分享拍摄经验和心得，共同提高拍摄水平。

一、学习问题导入

当你打开电视或者浏览新闻网站时，有没有一些新闻性专题影片让你印象深刻呢？是什么让它们如此吸引人？是震撼的画面、动人的故事，还是深入的报道？

新闻性专题影片有着独特的魅力，它们能够把复杂的新闻事件、社会问题或者人物故事生动地展现在我们面前。那么，大家有没有想过，这些精彩的影片是如何制作出来的呢？

今天，我们就一起来探索新闻性专题影片的拍摄技巧。通过学习这些技巧，我们将能够更好地用镜头记录真实的世界，讲述那些有价值的故事，触动观众的心灵，引发大家的思考。

二、学习任务讲解

1. 固定画面拍摄

固定画面拍摄是指摄像机在拍摄过程中保持相对静止，不改变其基本位置、角度或焦距的拍摄方式。在影视制作中，固定画面拍摄是一种常用的拍摄手法，它能够呈现独特的静态美感和稳定的视觉效果，成为表达特定情绪、场景氛围及讲述故事的重要手段。以下将从机位固定、光轴固定、焦距固定、画面稳定以及构图美观五个方面详细阐述固定画面拍摄的特性。

（1）机位固定。

机位固定是固定画面拍摄的基础。在拍摄过程中，摄像机的位置应保持固定，不随拍摄对象的移动而移动，也不随拍摄者的主观意愿而随意改变。这要求拍摄者在拍摄前仔细选择并确定最佳拍摄位置，以确保画面能够清晰、准确地展现拍摄对象的主体特征和周围环境。机位固定的目的在于提供一个稳定的观察视角，让观众能够专注于画面内容，而不是被摄像机的运动所干扰。

（2）光轴固定。

光轴固定指的是摄像机镜头的视角（即拍摄方向）在拍摄过程中保持不变。这意味着摄像机镜头和拍摄对象的相对位置关系在整个拍摄过程中都是稳定的，不会因为镜头的微调或晃动而发生变化。光轴固定的目的是保持画面的连贯性和一致性，让观众在观看时能够形成清晰的视觉感知，从而更好地理解画面所传达的信息。

（3）焦距固定。

焦距固定是指在拍摄过程中摄像机镜头的焦距保持不变。焦距的变化会影响画面的景深、透视关系和成像大小等因素，而焦距固定能够确保这些因素在整个拍摄过程中保持相对稳定。通过固定焦距，拍摄者可以更加精确地控制画面的构图和表现效果，使画面清晰、准确地传达出拍摄者的意图。

（4）画面稳定。

画面稳定是固定画面拍摄的基本要求之一。无论是机位、光轴还是焦距的固定，最终都是为了实现画面的稳定。稳定的画面能够让观众在观看时感到舒适、自然，减少因画面晃动而产生的不适感。为了实现画面稳定，拍摄者需要选择合适的支撑设备（如三脚架、稳定器等），并掌握正确的拍摄技巧（如使用低感光度、快门速度控制等）。

（5）构图美观。

构图美观是固定画面拍摄的重要追求之一。在固定画面拍摄中，构图不仅关乎画面的美观程度，更关乎画面所传达的情感和信息的准确性。拍摄者需要运用各种构图原则和技巧（如三分法、对称法、引导线等），结合拍摄对象的特征和周围环境的特点，精心安排画面元素的位置和关系，以实现最佳的视觉效果和表现力。同时，拍摄者还需要注重画面的色彩搭配、光影效果等细节处理，以进一步提升画面的美观度和艺术感。

图 6-1 至图 6-6 展示了消防总队的新闻报道画面，该报道由多个固定镜头拍摄的场景构成，讲述了消防特警在烈火中开展救援行动的故事，由于拍摄角度合理，拍摄画面稳定，引起社会上很多人的关注。

图 6-1 固定画面 1

图 6-2 固定画面 2

图 6-3 固定画面 3

图 6-4 固定画面 4

图 6-5 固定画面 5

图 6-6 固定画面 6

2. 固定画面的作用

固定画面为新闻报道增添了层次和深度，使观众在获取信息的同时也能享受到视觉和情感的双重盛宴。新闻性专题影片中可以没有运动镜头，但是几乎离不开固定镜头。

（1）表现静态环境。

固定画面能够精准地捕捉并表现新闻现场的静态环境。当新闻事件发生在相对稳定的场景（如会议室、展览厅等）中时，固定画面能够清晰地展示环境的布局、装饰及细节，帮助观众快速建立对新闻背景的直观认知。这种静态展示不仅有助于营造特定的氛围，还能为后续的新闻报道提供丰富的视觉素材，如图 6-7 和图 6-8 所示。

图 6-7 摄影讲座现场全景

图 6-8 颁奖台现场

（2）突出静态人物。

在新闻性专题中，人物往往是报道的核心。固定画面能够聚焦于静态人物，通过精心构图和巧妙运用光线，突出人物的面部表情、肢体语言及服饰特征，从而更深刻地展现其内心世界或职业特点。这种突出静态人物的手法，有助于观众更加直观地感受到新闻人物的魅力和风采，加深对新闻内容的理解和记忆，如图 6-9 所示。

图 6-9 采访消防战士的固定画面

（3）记录运动细节。

在固定画面的拍摄中，尽管镜头本身不移动，但拍摄者能够通过长时间曝光或高速连拍等方式，记录运动中的细节。例如，在拍摄体育赛事时，固定画面可以捕捉到运动员瞬间的动作姿态、汗水滴落等细节，从而展现出运动的力与美。同样，在记录社会事件时，固定画面也能捕捉到人群中的微妙变化，如眼神交流、手势动作等，为新闻报道增添层次和深度。如图 6-10 和图 6-11 所示的固定画面中，消防战士正全神贯注地进行消防演练，他们拿着云梯冲向楼房，以及敏捷地攀爬云梯的场景，组成了一幅动态的英雄画卷。

图 6-10 消防战士救援演练

图 6-11 消防战士爬楼演练

（4）强化视觉冲击。

通过精心设计的构图和色彩搭配，固定画面能够产生强烈的视觉冲击力。当画面中的元素如光线、色彩、线条等得到恰到好处的运用时，观众的注意力会自然而然地被吸引到画面中心，从而对新闻内容产生更深刻的印象。画面视觉冲击力的强化不仅提升了新闻报道的观赏性，还有助于观众更好地理解和接收新闻信息。图 6-12 和图 6-13 展示了消防战士执行救火任务的现场画面，在一片火海之中，水枪喷出的水柱成为生命的坐标，引导观众的视线，引领着人们在绝望中寻找希望。

图 6-12 消防战士救火现场 1

图 6-13 消防战士救火现场 2

（5）增强历史感。

在报道历史题材或回顾重大事件时，固定画面能够以其独特的静谧感和沉稳感，为观众营造出一种穿越时空的氛围。通过展示古老的建筑、珍贵的文物或历史人物的影像资料，固定画面能够带领观众走进过去的世界，感受历史的厚重与沧桑。这种历史感的增强，不仅丰富了新闻报道的文化内涵，还有助于传承和弘扬民族文化精神。

（6）确保新闻真实性。

固定画面以其客观性和稳定性，成为确保新闻真实性的重要手段之一。在新闻报道中，固定画面能够忠实地记录新闻现场的实际情况，不受主观因素的干扰和影响。这不仅有助于观众了解新闻事件的真相，还能增强新闻报道的公信力和权威性，如图 6-14 至图 6-17 所示为抗洪救援现场的画面。

图 6-14 现场画面 1

图 6-15 现场画面 2

图 6-16 现场画面 3

图 6-17 现场画面 4

（7）提升观众体验。

固定画面还能通过其独特的艺术魅力和视觉表现力，提升观众的观看体验。当画面中的元素得到巧妙运用和安排时，观众会感受到一种美的体验和情感的共鸣。这不仅有助于增强观众对新闻报道的认同感和参与度，还能引发观众对新闻事件的兴趣和关注。因此，在新闻性专题报道中，合理运用固定画面能够提升整个报道的吸引力和感染力。

3. 拍摄固定画面时应注意的问题

在新闻性专题影片制作中，固定镜头是一种基础且重要的拍摄手法，它通过保持相机位置和角度不变，捕捉场景中的静态画面。在拍摄固定画面时，为确保最终画面既美观又富有表现力，应注意以下问题。

（1）画面稳定性。

在讲述故事、传达观点或展示产品时，稳定的画面可以让观众更容易聚焦于主题内容，避免因画面晃动而分散注意力。在新闻性专题影片制作中，画面的稳定性对于保持叙事的连贯性至关重要。稳定的画面切换可以让观众更好地理解新闻内容、把握事件脉络，避免因画面晃动而产生混乱和困惑。

三脚架是确保画面稳定的重要工具，拍摄者应根据新闻现场环境和设备重量选择坚固稳定的三脚架，并调整好三脚架的高度和角度；同时，安装摄像机时要连接牢固，防止松动。

若无法使用三脚架，手持拍摄时要保持身体稳定，双脚分开与肩同宽，微微屈膝降低重心，摄像机紧贴面部并用双手握住，还可借助周围物体稳定身体，且尽量避免在拍摄过程中移动身体或改变角度。比如在突发事件现场，记者可能无法迅速支起三脚架，此时就需要运用手持拍摄的技巧来保证画面相对稳定。

（2）构图合理性。

遵循基本构图原则，如三分法构图、对称构图、引导线构图等，合理安排画面元素，使主体突出、画面简洁、层次分明，同时注意画面的平衡和比例。例如在体育赛事拍摄中，运用三分法构图，将运动员放在画面的关键位置，既能突出主体又能展现背景环境，使画面更加美观。

将新闻事件主体放在画面重要位置，如画面中心或黄金分割点，通过调整焦距、角度和位置使主体清晰醒目，可利用前景和背景衬托主体，但画面不能过于杂乱。比如在火灾新闻现场，将消防员灭火的身影放在画面中心，用燃烧的火焰作为背景，在突出新闻主体的同时增强了画面表现力。

（3）画面内容完整性。

新闻性主题拍摄要捕捉关键瞬间，拍摄前应充分了解并分析新闻事件，预测可能出现的关键瞬间并做好准备，拍摄时保持敏锐观察力并及时按下快门。例如在颁奖典礼拍摄中，要抓住获奖者上台领奖的瞬间，准确记录下这一具有新闻价值的画面。

拍摄特写镜头时要确保画面内容完整，注意画面边缘，避免主体残缺。例如在交通事故现场，拍摄车辆受损情况时要确保整个车辆都在画面内，以免观众无法了解事故全貌。

（4）光线运用恰当。

根据不同时间和天气条件选择合适的拍摄角度和位置，利用自然光线照亮主体，突出画面层次感和立体感，避免阳光直射造成的强烈阴影和反光，可利用侧光、逆光等增强画面的表现力。比如在日出时分的新闻现场，选择侧光角度拍摄可以使画面更加立体，色彩更加丰富。自然光线不足时可使用闪光灯补光，但要注意强度和角度，避免造成过亮或过暗区域，且要与自然光线相协调，使补光效果自然真实。例如在室内新闻发布会现场，光线较暗时使用闪光灯进行补光，调整好闪光灯角度和强度，使人物面部清晰自然。

（5）声音采集清晰。

根据拍摄环境和新闻事件特点选择不同类型的麦克风，如指向性麦克风、无线麦克风等，确保声音清晰。例如在采访类新闻中，使用指向性麦克风可以更好地采集被采访者的声音，减少周围噪声干扰。

注意避免环境噪声的干扰，选择安静的拍摄地点或采取隔音措施，同时注意排除拍摄设备自身噪声，可调整相机参数或使用静音拍摄模式。

4. 实时捕捉拍摄技巧

实时捕捉拍摄技巧，是摄像师快速响应、精准记录的基础。这要求摄像师具备敏锐的洞察力、良好的判断力和灵活的应变能力。无论是突发事件还是预设场景，都要能够在第一时间找到最佳拍摄角度，迅速调整拍摄参数，确保画面清晰、构图合理，同时捕捉到事件发展的关键瞬间。

（1）保持敏锐的观察力。

在拍摄现场，要时刻关注周围环境，不断扫视周围的一切，留意任何可能成为新闻点的细节。例如，在突发事件现场进行拍摄时，除了关注主要的救援行动，还要留意周围群众的反应、现场的环境变化等。

（2）快速反应。

熟练掌握摄像机的各项功能和操作方法，以便在关键时刻能够迅速调整参数、切换拍摄模式。例如，能够快速调整焦距、光圈、快门速度等，以适应不同的拍摄场景和需求。

（3）预测事件发展。

在拍摄前，要对新闻事件进行充分的了解和研究，掌握其背景信息、可能的发展方向和关键节点，这样可以在拍摄过程中更好地预测事件的发展，提前做好拍摄准备。

（4）多角度拍摄。

不局限于一个固定的拍摄角度，尝试从不同的角度拍摄同一个场景或人物，以获得更好的画面效果，增强画面的立体感。例如，在拍摄一场演唱会时，可以爬上高处的看台，拍摄整个舞台和观众的全景；或者在舞台下方的通道中拍摄歌手的特写，营造出不同寻常的视觉效果。

三、学习任务小结

通过本次任务的学习，同学们对新闻性专题的拍摄技巧有了一定的了解；同时，赏析了部分优秀新闻性专题影片，提高了自身的艺术修养和审美情趣。课后，同学们要多欣赏优秀新闻性专题影片，了解新闻背后的故事，深入挖掘新闻性专题的时代意义和价值，并分析新闻性专题影片拍摄技巧，全面提高自己的新闻性专题影片制作能力。

四、课后作业

选择一个普通人，如快递员、环卫工人、小店店主等，跟踪拍摄他们一天的工作和生活，包括工作场景、休息时刻、与他人的交流等。

要求：运用不同场景的切换来丰富画面内容，注意声音采集以增强真实感。

学术会议专题的拍摄

教学目标

（1）专业能力：掌握学术会议拍摄的基本流程和方法，包括设备选择、场地勘察、拍摄角度、光线、构图、同期声录制。

（2）社会能力：具备良好的沟通能力、良好的时间管理能力和任务管理能力，能够按时完成拍摄任务。

（3）方法能力：能在拍摄过程中及时发现问题和风险，并采取有效的措施进行解决和防范；能在拍摄过程中不断尝试新的拍摄手法、表现形式和创意理念。

学习目标

（1）知识目标：了解学术会议的拍摄需求，学会运用不同的拍摄角度、光线、构图方法，突出学术会议的主题和重点；了解同期声的种类、作用、录制方法。

（2）技能目标：能掌握学术会议现场拍摄技巧，并根据拍摄内容选择合适的设备、构图、光线和角度，增强画面的视觉冲击力。

（3）素质目标：能在拍摄过程中灵活应对各种突发情况，保证拍摄工作的顺利进行。

教学建议

1. 教师活动

（1）在课堂上讲解学术会议拍摄的理论知识，包括设备选择、拍摄技巧、同期声录制技巧等。

（2）展示优秀的学术会议视频，分析其拍摄手法、构图、后期制作等方面的优点。

（3）组织学生进行讨论，分享自己的拍摄经验和体会，提出改进的建议和方法。

2. 学生活动

（1）认真听讲，积极参与课堂讨论，掌握学术会议拍摄的基本知识和技能。

（2）小组成员密切配合进行拍摄实践，认真操作设备，注意光线、构图和拍摄角度，努力拍摄出高质量的作品。

（3）在班级内进行作品展示，分享自己的拍摄思路和创作过程，接受同学和教师的评价和建议。

一、学习问题导入

学术会议作为知识交流与思想碰撞的重要平台，通过影像的记录与传播，能让更多的人受益。接下来将带领大家学习学术会议拍摄技巧，从设备的运用到构图的艺术，从光线的捕捉到场景的把握，让你们能够以独特的视角展现学术会议的魅力。

二、学习任务讲解

1. 学术会议的特点

学术会议参会人员主要是特定学科领域的专家、学者及研究人员，他们拥有深厚的学术造诣与丰富的经验。在会议中，参会人员围绕共同关注的学术问题深入交流讨论，进行思想碰撞，创新由此而生。不同观点与研究方法相互交锋，拓宽了研究思路，有助于发现新问题和新方向。同时，会议也为参会人员提供了合作契机，大家可共同开展研究项目，促进学科协同发展。学术会议议程通常安排紧凑，涵盖开幕式、主题报告、分会场报告、海报展示及讨论交流等多个环节，每个环节都有明确的时间限制和要求，以确保会议高效进行。会议组织者提前精心制定详细议程，并在会议期间严格按照议程组织管理，以保障会议顺利开展。

2. 学术会议拍摄技巧

拍摄高质量的学术会议视频可以为会议留下珍贵的影像资料，也有助于后续的宣传和交流，以下是学术会议拍摄技巧。

（1）前期准备。

①与会议组织者充分沟通，明确会议主题、目的、重要嘉宾以及主要环节等信息，熟悉议程从而确定时间安排和重点内容，以便合理规划拍摄时间与重点。

②提前到达会议场地进行勘察，熟悉场地布局、光线情况和背景设置等，确定最佳拍摄位置，并考虑不同视角以获取全面且富有特色的画面。通常学术会议关键场景和主要人物发言都可以用固定镜头进行拍摄，因此要在舞台正前方布置一台带有三脚架的摄像机，作为主机位，此外，还有一台随时捕捉细节特写的摄像机，作为二机位（也叫移动机位），如图 6-18 所示。

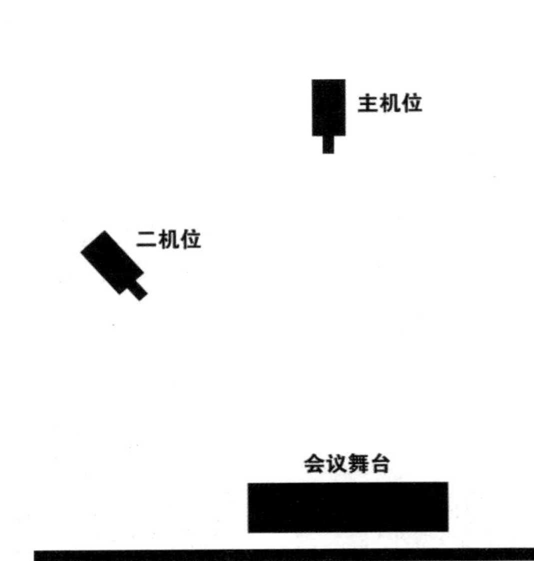

图 6-18 会议现场机位设定图

③精心准备拍摄设备，确保设备性能良好、电池满电、存储卡空间足够等，如表 6-1 所示。

表 6-1 拍摄所需设备一览表

设备名称	数 量	用 途
摄像机	2	1. 主机位用于拍摄全景画面，呈现整个学术会议的全貌，包括演讲者在台上的表现以及台下听众的反应； 2. 二机位在学术会议拍摄中起到了补充和丰富画面的作用，可呈现更多的细节
三脚架	2	负责固定摄像机，保证画面稳定
外接话筒	2	保证视频音质清晰
补光灯	若干	提亮发言者的肤色，消除阴影，让观众更清晰地看到发言者的面部表情和状态
监视器	1	清晰地呈现会议中的各种图像和数据，使参会者能够更准确地获取信息，帮助摄像师及时调整拍摄方案和做出决策

（2）拍摄过程。

①开场前，拍摄会议场地全景，包括会场布置（如横幅和标识等），展现整体氛围；拍摄签到台和参会人员签到场景，也可拍摄会议准备工作画面，如图 6-19～图 6-21 所示。

②会议进行中，领导和嘉宾致辞时，拍摄他们上台和讲话的画面，注意捕捉表情和动作，可用中长焦镜头特写突出人物的重要性；主题演讲和报告要拍摄演讲者全景和特写，包括表情、手势和 PPT 展示等，注意光线和构图，确保画面清晰美观；拍摄观众认真听讲、做笔记和提问等画面，展现会议的互动性和参与度；小组讨论和互动环节可多角度进行拍摄，记录参与者交流的场景，以增加画面丰富度，如图 6-22～图 6-25 所示。

图 6-19 会场布置

图 6-20 参会人员签到场景

图 6-21 会议准备

图 6-22 专家上台讲话

图 6-23 专家上台讲话特写

图 6-24　观众认真听讲

图 6-25　小组互动讨论

③会议结束时，拍摄闭幕式，包括领导总结发言和颁奖仪式等，以及参会人员合影留念场景，记录会议圆满结束，如图 6-26 和图 6-27 所示。

图 6-26　参会专家合照

图 6-27　颁奖仪式合影

以一次学术会议为例，开场前摄像师拍摄了精心布置的会场和陆续签到的参会者。会议进行中，当企业领导致辞时，摄像师用中长焦镜头捕捉到了领导的自信表情和有力动作；主题演讲环节，拍摄了演讲者的精彩瞬间和 PPT 重点内容；小组讨论环节，从多个角度记录了参会者的热烈交流场景。会议结束时，摄像师拍摄了颁奖仪式和大家的合影，完整记录了会议的全过程。

（3）学术会议布光技巧。

在大型学术会议中，摄影和摄像人员需要从不同的角度进行拍摄，以记录会议的各个环节和精彩瞬间。良好的布光可以确保无论从哪个角度拍摄，都能获得良好的画面效果。

拍摄时，在演讲台周围设置多角度的灯光，可以使演讲者在不同的拍摄角度下都能得到充分的照明，避免出现阴影和逆光情况。这样，无论是正面拍摄还是侧面拍摄，都能获得清晰、明亮的画面。例如某大型学术会议开幕式在一个大型的会议中心举行，灯光条件较为复杂，为了确保拍摄效果，采用以下布光方案。

①主光：在主席台上方安装了两盏大功率的摄影灯，以 45° 的角度向下照射，作为主光。这两盏灯的色温经过调整，与现场的其他灯光相匹配，确保整个主席台的照明均匀一致。

②辅助光：在主席台两侧各放置了一个大型的反光板，反射主光的光线，进一步填充阴影；同时，在观众席的前排放置了一些小型的摄影灯，作为辅助光，照亮观众席的部分区域，使整个画面更加平衡。

③背景光：在主席台的后方设置了一排彩色的 LED 灯，营造出一种动态的背景效果。这些灯的颜色可以根据会议的主题进行调整，增加会议的视觉吸引力。

④动态布光调整：随着会议进行和环节变化，布光人员需根据实际情况及时调整灯光角度和强度，确保拍摄效果，如演讲者走动时用追光灯跟随，在互动环节调整灯光照亮提问者。

拍摄效果：主席台的演讲者和嘉宾们在明亮的主光下显得格外突出，辅助光的运用使整个画面没有明显的阴影，背景光的彩色效果为会议增添了活力和现代感。

（4）学术会议构图技巧。

在学术会议摄影中，构图至关重要，合理的构图可更好地组织画面、突出主题和传达信息。构图技巧有多种，如三分法构图将主体放于画面三等分线或交叉点上，以增加画面的平衡美感；对称构图利用对称元素，使画面稳定庄重；中心构图突出主体的重要性和存在感；前景构图添加元素，增加画面层次感和深度；引导线构图借助线条引导视线，使画面生动有趣；留白构图让画面简洁大气，突出主体。构图时需注意保持画面简洁，避免元素过多分散观众的注意力，运用光线突出主体，注意主体与背景的比例，灵活运用构图技巧以达到最佳拍摄效果，如图 6-28 和图 6-29 所示。

图 6-28 三分线构图

图 6-29 线条构图

3. 学术会议声音录制技巧

录制学术会议声音需要提前做好准备，选择合适的录音设备，熟悉设备操作方法，确定录音位置，注意录制时机，后期进行筛选、剪辑和整理。通过这些技巧，可以录制到清晰、完整的声音，为学术会议的回顾和分享提供有力的支持。

（1）同期声的种类。

①人物发言同期声：包括会议演讲者、专家学者、嘉宾等的发言声音，这是学术会议同期声中最主要的部分，能够直接传达学术观点、研究成果和讨论内容。

②现场互动同期声：如观众提问、讨论环节中的交流声音，可展现会议的互动性和学术氛围。

③环境同期声：包括会议现场的背景噪声，如空调声、轻微的脚步声等，可增强现场感。

（2）同期声的作用。

①增强真实性。

同期声能够让观众感受到学术会议的真实氛围，仿佛身临其境。与单纯的画面相比，声音的加入使观众更容易沉浸在会议场景中，提高了专题拍摄的可信度。

②传达信息。

人物发言同期声直接传递学术观点、研究成果和讨论内容，是观众获取知识的重要途径。现场互动同期声则展示了不同观点的碰撞和交流，丰富了信息的层次。

③丰富表现力。

环境同期声可以营造出特定的氛围，使影片更加生动。例如，在一个安静的学术报告厅中，轻微的翻书声和咳嗽声可以让观众感受到会议现场专注和紧张的气氛。

（3）同期声的录制。

①设备选择。

录制学术会议声音应使用高质量的录音设备，如专业麦克风、录音机等，可根据会议场地的大小和环境噪声情况，选择合适的话筒类型。例如，在嘈杂环境或户外环境中进行采访时，要选择指向性话筒，能够有效地隔离背景噪声；在录制主持人声音时，可以使用无线话筒，适合演讲者在台上进行激情澎湃的发言；鹅颈话筒具有可弯曲的颈部，可以灵活地调整其角度和高度，方便对准发言者的嘴巴，准确捕捉声音，适用于各种场合；在录制乐器的声音时，应选择宽频的电容式话筒，电容式话筒灵敏度高，能够捕捉到更多的声音细节和微妙的声音变化。不同话筒如图 6-30 ~图 6-33 所示。

图 6-30　指向性话筒

图 6-31　无线话筒

图 6-32　电容式话筒

图 6-33　鹅颈话筒

②位置摆放。

将麦克风放置在靠近发言者的位置，以确保清晰地录制到人物发言同期声。对于大型会议，可以使用多个麦克风进行拾音，以覆盖不同的区域。同时，要避免麦克风与其他设备之间产生干扰。

③音量调整。

在录制前进行音量测试，确保声音的大小适中，既不会过于微弱导致听不清，也不会过于响亮而失真。在会议进行过程中，要密切关注音量变化，及时调整。

④降噪处理。

对于环境噪声较大的会议场地，可以使用降噪设备或在后期制作中进行降噪处理，以提高同期声的质量。

三、学习任务小结

通过本次任务的学习，同学们对学术会议拍摄技巧有了一定的了解；同时，赏析了部分优秀学术会议视频，提高了自身的专业修养和审美水平。课后，同学们要多欣赏优秀学术会议拍摄作品，拓宽视野，打破自身的局限，从而培养对美的感知力和鉴赏力，并掌握学术会议拍摄技巧，全面提高自己的专业素养。

四、课后作业

进行特定场景的拍摄练习，如专注于拍摄演讲者的特写镜头、会议现场的全景画面或者观众的反应等。

要求：针对每个特定场景，提交一组高质量的照片或短视频，并分析在拍摄该场景时所运用的技巧和注意事项。

项目七

纪实性专题拍摄

学习任务一　纪实性专题的拍摄特点
学习任务二　纪实性专题的拍摄技巧
学习任务三　学院专业宣传片的拍摄

纪实性专题的拍摄特点

教学目标

（1）专业能力：能够掌握纪实性专题拍摄的基本理论与特点，深入理解其核心理念。

（2）社会能力：具备围绕社会热点、文化现象进行选题策划并设计拍摄方案的能力。

（3）方法能力：培养问题分析与解决能力、创造性思维能力、归纳总结能力。

学习目标

（1）知识目标：理解纪实性专题拍摄的基本概念及特点。

（2）技能目标：能够独立进行纪实性专题拍摄的选题策划。

（3）素质目标：培养审美情趣和艺术鉴赏能力，提升作品的艺术表现力，具备团队合作精神。

教学建议

1. 教师活动

（1）通过图片、视频资料等系统讲解纪实性专题拍摄的基本理论与特点。

（2）选取国内外优秀作品进行分析，引导学生总结归纳其拍摄特点。

（3）组织学生对优秀作品进行介绍，鼓励学生积极总结发言。

（4）对学生的作品进行逐一点评，引导学生交流，指出改进措施。

2. 学生活动

（1）对所学知识进行归纳总结；围绕特定作品进行小组讨论，指出其拍摄特点，并现场展示和讲解，训练语言表达能力和综合审美能力。

（2）参加作品展示分享会，每组学生积极展示自己的作品，促进相互学习和交流。

一、学习问题导入

纪实性专题拍摄是一种以真实记录现实生活为主要目的的拍摄方式，请同学们观看《大国工匠》《二十二》《舌尖上的中国》等作品，如图 7-1 ~ 图 7-3 所示，想一想，这些作品给你带来了怎样的感受？你觉得它们有哪些共同之处？

图 7-1 《大国工匠》纪录片海报

图 7-2 《二十二》纪录片海报　　图 7-3 《舌尖上的中国》纪录片海报

二、学习任务讲解

纪实性专题拍摄特点如下。

1. 真实性

纪实性专题拍摄以真实的事件、人物和场景为对象，力求客观地记录现实，拍摄过程中不进行虚假的摆拍或刻意的引导，让观众看到拍摄对象最自然、最本真的状态。比如摄影师解海龙的“希望工程”系列摄影作品，真实地记录了贫困地区孩子们渴望读书的眼神和艰苦的学习环境，引起了社会对教育扶贫的广泛关注，如图 7-4 所示。

图 7-4 《大眼睛》（解海龙）

《大眼睛》这幅作品中，8 岁的苏明娟手握铅笔，抬头凝视黑板，一双大眼睛充满对知识的渴望，这种纯真而强烈的求知欲直击人心，使其成为希望工程的标志性形象。这张照片不仅展现了一个孩子对读书的渴望，更代表了千千万万贫困地区孩子的心声。

解海龙采用纪实的拍摄手法，注重对人物表情、动作和环境细节的刻画。例如通过孩子们的眼神、破旧衣服上的补丁、手中简陋的学习用品等细节，细腻地展现出他们的生活状况和内心世界，使照片更具感染力和说服力。他的作品不仅仅是图像，更蕴含着深厚的情感。解海龙将自己对孩子们的同情、关爱和对教育事业的关注等情感融入作品中，从而引发观众的共鸣，唤起人们的爱心和社会责任感。

2. 深度性

与一般的新闻报道或短视频不同，纪实性专题拍摄通常会对主题进行深入挖掘。它不仅仅展现表面现象，还通过采访、调查等方式，深入了解事件的背景、原因和影响，以多维度的视角呈现主题的复杂性和丰富性，让观众对所拍摄的内容有更全面、更深刻的认识。《人间世》系列纪录片深入医院各个科室，记录了患者与病魔抗争、医生全力救治患者的真实场景，展现了生命的脆弱与坚韧，以及医疗行业的现状和挑战，如图 7-5 所示。

3. 故事性

好的纪实性专题拍摄作品往往具有很强的故事性，它会围绕一个核心主题或人物，构建起一个有起有伏、引人入胜的故事，通过情节的推进和人物的发展，吸引观众的注意力，让他们沉浸在故事中。这有助于增强作品的感染力和传播力。《极地》以藏区的人物故事为主线，展现了高原地区人民的生活方式和独特的文化传统，充满了温情与感动，如图 7-6 所示。

4. 人文关怀

纪实性专题拍摄常常关注人的命运和情感，体现出浓厚的人文关怀，它会展现人物在特定环境下的挣扎、奋斗、希望和梦想，让观众感受到人性的光辉和温暖。这种人文关怀不仅能打动观众的心灵，还能引发社会对相关问题的关注和思考。《最后的棒棒》记录了重庆一群即将被时代淘汰的“棒棒军”的生活，展现了他们的勤劳、朴实和坚韧，引发了人们对底层劳动者的尊重和关注，如图 7-7 所示。

图 7-5 《人间世》纪录片海报

图 7-6 《极地》纪录片海报

图 7-7 《最后的棒棒》纪录片海报

5. 长期性和持续性

有些纪实性专题拍摄可能需要花费较长的时间来完成，拍摄者会对一个主题进行长期的跟踪和记录，观察其发展变化。这种长期性和持续性使得作品更具历史价值和社会意义，能够为后人留下珍贵的影像资料。《人生七年》系列纪录片海报如图 7-8 所示，导演每隔七年跟踪拍摄一群人的生活变化，展现了时间对人生的影响。

6. 艺术性

虽然纪实性专题拍摄以真实为首要原则，但也并不排斥艺术性的表达。拍摄者可以通过构图、光影、色彩等手段，营造出独特的视觉效果，同时，在剪辑和配乐等方面也可以运用艺术手法，增强作品的表现力和感染力。《河西走廊》以精美的画面、优美的音乐和精彩的解说，展现了河西走廊的历史文化和自然风光，堪称一部视觉艺术大片，如图 7-9 所示。

图 7-8《人生七年》纪录片海报

图 7-9《河西走廊》纪录片海报

三、学习任务小结

本次学习任务通过赏析优秀的纪录片，总结归纳了纪实性专题拍摄的特点，包括真实性、深度性、故事性、人文关怀、长期性和持续性、艺术性。课后请同学们认真完成作业，锻炼观察能力与拍摄技巧。

四、课后作业

（1）观察记录作业：以小组为单位，在公共场所（如公园、商场、火车站等）观察不同人群的行为和表情，选择一个或几个有特点的人物进行跟踪观察，记录他们的活动和与周围环境的互动，用文字和图片的形式呈现观察结果。

（2）拍摄实践作业：以小组为单位，进行纪实性拍摄。

要求：

①每个小组任意选择一个场地，如农贸市场、建筑工地、图书馆等。

②在选择的场景中进行纪实性拍摄。

③在拍摄前进行观察和思考，确定拍摄的主题和角度。

④拍摄完成后，对作品进行分析和总结，说明自己在拍摄过程中如何体现纪实性拍摄的特点，以及遇到的问题和解决方法。

纪实性专题的拍摄技巧

教学目标

（1）专业能力：掌握纪实性专题拍摄的叙事结构和拍摄技巧，能运用不同的镜头、光线、构图手法等进行纪实性专题拍摄，具备独立策划和完成纪实性专题拍摄项目的能力。

（2）社会能力：培养观察力和社会责任感，能关注社会现实问题并通过拍摄进行记录和表达；提高团队协作能力，学会与他人合作完成拍摄任务；增强沟通能力，能够与被拍摄对象进行有效的交流和互动。

（3）方法能力：培养自主学习能力，能通过查阅资料、分析案例等方式不断提升自己的拍摄水平；提高问题解决能力，在拍摄过程中遇到问题能够独立思考并寻找解决方案；锻炼创新能力，在纪实性专题拍摄中尝试新的手法和表现形式。

学习目标

（1）知识目标：掌握纪实性专题拍摄的叙事结构，包括线性叙事、倒叙叙事、多线叙事和环形叙事等；学习纪实性专题拍摄的技巧，如画面构图、光线运用和镜头选择等。

（2）技能目标：能运用所学的叙事结构和拍摄技巧进行纪实性专题拍摄，具备分析和评价纪实性专题拍摄作品的能力。

（3）素质目标：培养审美素养和艺术修养，提高对纪实性摄影作品的欣赏水平；增强社会责任感和人文关怀精神，关注社会现实问题；锻炼耐心和毅力，在拍摄过程中能够克服困难，坚持完成任务。

教学建议

1. 教师活动

（1）分析优秀的纪实性专题拍摄作品，讲解其中的叙事结构和拍摄技巧，引导学生学习和借鉴。

（2）组织学生进行实地拍摄练习，指导学生运用所学的技巧进行拍摄，并及时给予反馈和建议。

（3）安排学生进行作品展示和评价，引导学生分析和评价自己和他人的作品，提高学生的审美水平和分析能力。

2. 学生活动

（1）积极参与课堂讨论，提出自己的问题和观点。

（2）分析优秀的纪实性专题拍摄作品，学习其中的叙事结构和拍摄技巧，并做好笔记。

（3）参加实地拍摄练习，运用所学的技巧进行拍摄，并根据教师的反馈和建议进行改进。

（4）展示自己的作品，认真听取他人的评价和建议，不断提高自己的拍摄水平。

一、学习问题导入

罗伯特·卡帕（Robert Capa，1913 年—1954 年）是匈牙利裔美籍摄影记者，二十世纪最著名的战地摄影记者之一。1938 年，卡帕来到抗日战争激战正酣的中国，台儿庄大战期间，他冒着生命危险留下了珍贵照片。1938 年 4 月 1 日，他从武汉动身前往台儿庄，4 日清晨到达中国军队前敌指挥部，受到孙连仲接见；5 日，他采访一线士兵，亲和力强的他即便语言不通也能很快和士兵们打成一片，在一处火炮阵地，他还借助中国火炮观察手的瞄准望远镜看到了几公里外的日本战线；7 日早晨，他得知台儿庄被中国军队打下后，便进入已成废墟的台儿庄进行拍摄。卡帕通过自己的镜头，让还没有卷入战争的美国人和欧洲人了解中国人民的抗日战争以及战争中中国人民的真实情绪和生活，如图 7-10 和图 7-11 所示。

图 7-10　罗伯特·卡帕台儿庄大战影像史料馆内部

图 7-11　坚守阵地的士兵（罗伯特·卡帕摄）

二、学习任务讲解

1. 叙事结构

（1）线性叙事。

特点：按照时间顺序依次展开事件，清晰地呈现故事的发展脉络。

适用场景：适用于故事发展较为简单的题材，能够让观众轻松理解故事的发展过程。

例如，《二十二》以时间为线索，记录了中国幸存“慰安妇”的晚年生活，从她们的日常起居到回忆过去，让观众跟随时间的推移深入了解她们的经历和内心世界，如图 7-12 所示。

图 7-12 《二十二》电影纪录片节选

（2）倒叙叙事。

特点：先呈现故事的结局或高潮部分，再回溯事件的起因和发展过程，制造悬念，吸引观众的注意力。

适用场景：适用于有戏剧性冲突或悬念的题材，可以激发观众的好奇心，引导他们去探究故事的来龙去脉。

例如，电影《贫民窟的百万富翁》开篇就是主人公在电视节目中答题的紧张场面，随后通过回忆的方式讲述他的成长经历和每一道题背后的故事，如图 7-13 所示。

（3）多线叙事。

特点：同时讲述多个相关的故事线索，这些线索在不同的时间和空间中展开，最后交汇在一起，展现出丰富的主题和广阔的社会背景。

适用场景：适用于题材较为复杂、涉及多个方面的故事，可以展现出丰富的人物形象和社会现实。

例如，《我不是药神》讲述了主人公程勇从一个卖保健品的小商贩逐渐转变为印度仿制药“格列宁”的代理商的故事，同时还穿插了白血病患者的生活困境和抗争，多条线索相互交织，深刻地反映了社会现实问题，如图 7-14 所示。

（4）环形叙事。

特点：故事的开头和结尾相互呼应，形成一个闭环，给人一种循环往复的感觉。

适用场景：适用于哲学题材或具有神秘氛围的题材，可以引发观众对命运等主题的思考。

例如，央视推出的东北虎保护纪录片《王者归来——中国国家公园》以国家公园的生态文明建设成果为主题，以在中国国家公园中生活的东北虎、豹为表现对象。它采用以人物为起点，最终回归于人的环形叙事结构，讲述人与虎豹、与自然的故事，传递了人类和动植物相依相生的理念。

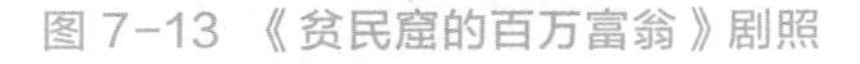
图 7-13 《贫民窟的百万富翁》剧照

图 7-14 《我不是药神》宣传海报

2. 拍摄技巧

（1）画面构图。

①中心构图：将主体放置在画面的中心位置，突出主体的重要性。

适用场景：适用于突出主体的场景，如人物特写、重要物品的展示等。

例如，在拍摄人物专访时，可以将被采访者放在画面的中心，让观众的注意力集中在人物身上，如图 7-15 所示。

②九宫格构图：将画面分为九宫格，将主体放置在四个交叉点上，使画面更加平衡和美观。

适用场景：适用于多种类型的纪实性拍摄，尤其是拍摄风景、人物与环境相结合的画面，如图 7-16 所示。

③对称构图：将主体放置在画面的中心轴两侧，形成对称的效果，给人一种稳定、和谐的感觉。

适用场景：适用于采访人物的场景，如图 7-17 所示。

（2）光线运用。

①顺光：光线从拍摄者的背后照射过来，被拍摄物体正面受光，颜色鲜艳，细节清晰。

适用场景：适用于需要突出物体颜色和细节的场景。

例如，拍摄人物肖像时，可以使用顺光，使人物的面部表情更加清晰，如图 7-18 所示。

图 7-15 《云顶对话》采访雷军节选 1

图 7-16 人文纪录片《这里是霞浦》节选 1

图 7-17 《云顶对话》采访雷军节选 2

图 7-18 《云顶对话》采访雷军节选 3

②逆光：光线从被拍摄物体的背后照射过来，物体边缘形成轮廓光，营造出戏剧性的效果。

适用场景：适用于营造氛围、突出物体轮廓的场景，如图 7-19 所示。

③侧光：光线从被拍摄物体的侧面照射过来，物体产生明显的明暗对比，立体感强。

适用场景：适用于需要突出物体或人物立体感的场景，如图 7-20 所示。

（3）镜头运用。

①广角镜头：视角宽广，能够拍摄到更多的画面内容，适合拍摄宏大的场景。

适用场景：适用于展现宏大的场景以及需要强调空间感的场景，如图 7-21 所示。

②长焦镜头：视角狭窄，能够拉近远处的物体，使物体看起来更大，适合拍摄特写和远处的物体。

适用场景：适用于需要突出主体、拍摄远处物体的场景，如图 7-22 和图 7-23 所示。

③定焦镜头：焦距固定，成像质量高，画面清晰锐利。

适用场景：适用于对画质要求较高的场景，如百姓摆摊卖海鲜的场景等，如图 7-24 所示。

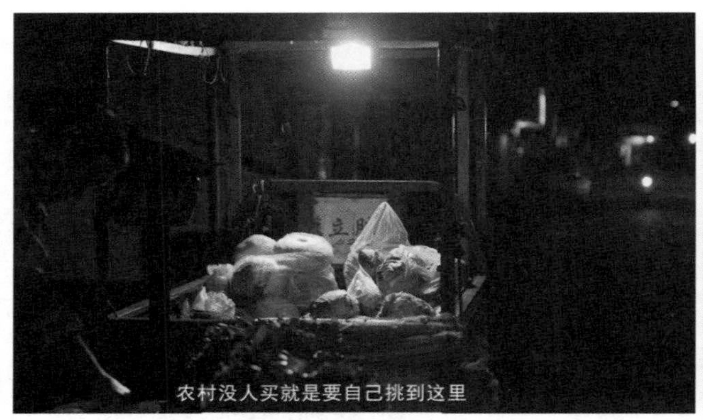

图 7-19　人文纪录片《这里是霞浦》节选 2

图 7-20　人文纪录片《这里是霞浦》节选 3

图 7-21　人文纪录片《这里是霞浦》节选 4

图 7-22　人文纪录片《这里是霞浦》节选 5

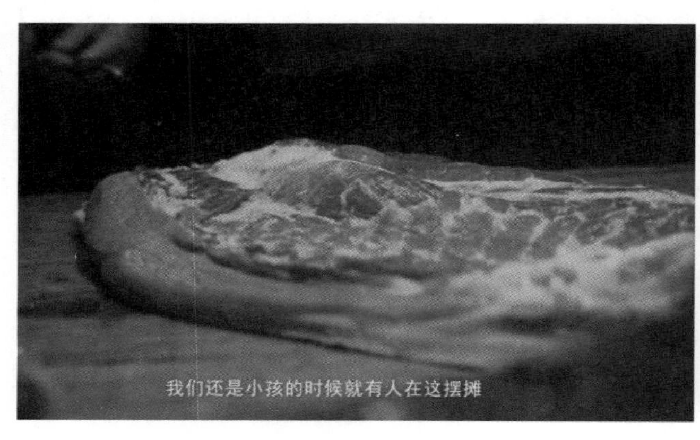

图 7-23　人文纪录片《这里是霞浦》节选 6

图 7-24　人文纪录片《这里是霞浦》节选 7

3. 拍摄注意事项

（1）真实性。

尽量避免摆拍和导演，保持画面的自然和真实；尊重被拍摄者的意愿和隐私，不得强迫他人接受拍摄或侵犯他人的权益；对拍摄的内容进行客观的记录和呈现，不得进行虚假的加工和修饰。

（2）稳定性。

使用三脚架或稳定器等设备，确保画面的稳定，避免晃动和模糊；在拍摄运动镜头时，要注意控制镜头的移动速度和方向，避免画面抖动。

（3）声音录制。

使用高质量的麦克风，确保声音的清晰和真实；注意环境噪声的影响，尽量选择安静的拍摄环境，或者使用降噪设备；在采访时，要注意与被采访者的距离和角度，确保声音的质量和可听性。

（4）后期制作。

后期制作要适度，不得过度修饰和加工画面，保持纪实性的风格；对拍摄的素材进行合理的剪辑和编排，确保故事的连贯性和逻辑性；在添加音乐、字幕等元素时，要注意与画面的协调性和统一性。

三、学习任务小结

纪实性专题拍摄需要综合运用叙事结构、拍摄技巧等方面的知识，以拍摄出优秀的作品。在拍摄过程中，要注重真实性、稳定性和艺术性的结合，以真实的故事和精彩的画面打动观众。

四、课后作业

（1）主题拍摄任务：以小组为单位，在“城市中的老手艺”“校园里的青春故事”“社区中的温暖瞬间”等主题中选择一种，围绕主题进行纪实性专题拍摄。需要运用所学的拍摄技巧，如画面构图、光线运用、镜头选择等，拍摄一组有故事性和感染力的短视频。

（2）对比拍摄任务：请以组为单位，在“城市的繁华与乡村的宁静”“传统与现代的碰撞”等主题中选择一种，分别对不同的场景进行拍摄，并在拍摄过程中注意运用不同的拍摄技巧来突出对比效果。最后，学生需要将两组视频进行对比分析，阐述自己在拍摄过程中的思考和体会。

学院专业宣传片的拍摄

教学目标

（1）专业能力：理解宣传片拍摄的各个流程，熟悉不同岗位在宣传片拍摄中的职责，熟练操作摄影、灯光、录音等设备。

（2）社会能力：培养团队协作能力，明确各成员在拍摄团队中的分工；提高与客户沟通的能力，能根据客户要求进行策划和制作。

（3）方法能力：具备问题解决能力，在拍摄和制作过程中能应对各种突发情况。

学习目标

（1）知识目标：了解宣传片拍摄的流程和各个环节的要点，掌握拍摄文案和分镜头脚本的撰写方法，熟悉不同场景下的拍摄技巧和设备使用方法，知晓后期制作中的剪辑、配乐、调色和特效的作用。

（2）技能目标：能够组建专业的拍摄团队，并合理分配任务；能独立完成拍摄文案和分镜头脚本的创作；能熟练操作摄影、灯光、录音等设备进行拍摄，并运用后期制作软件进行素材筛选、剪辑、配乐、调色和特效添加。

（3）素质目标：培养严谨认真的工作态度和责任心，提高审美水平和艺术素养，增强团队合作精神和沟通能力。

教学建议

1. 教师活动

（1）讲解宣传片拍摄的流程和要点，引导学生掌握专业知识。

（2）提供优秀的宣传片案例进行分析，启发学生的创意和创新思维。

（3）组织学生进行团队组建和任务分配，指导学生的实践操作。

2. 学生活动

（1）认真学习宣传片拍摄的知识和技能，积极参与课堂讨论和实践活动。

（2）分析优秀宣传片案例，借鉴其优点，不断改进自己的作品。

（3）按照团队分工，完成自己的任务，与团队成员密切合作。

一、学习问题导入

在学习学院专业宣传片拍摄的过程中，你是否思考过以下问题：一个成功的专业宣传片是如何诞生的呢？它的拍摄流程包含哪些关键环节？怎样根据文案绘制分镜头脚本来梳理具体拍摄需求和画面要求？带着这些问题，让我们一起深入探索学院专业宣传片的拍摄。

二、学习任务讲解

本次任务通过一个真实的学院专业宣传片拍摄项目，对拍摄流程和各环节工作内容进行讲解。

1. 前期策划

（1）组建团队。

导演：负责整体拍摄的创意和指导。

摄影师：负责拍摄画面。

灯光师：负责营造合适的光线环境。

录音师：负责录制声音。

剪辑师：负责后期剪辑制作。

场务：负责拍摄现场的协调和后勤工作。

（2）撰写拍摄文案、绘制分镜头脚本。

①依据客户提出的要求，撰写拍摄文案，确定宣传片的主题、风格和重点内容，如图 7-25 所示。

连接大未来 塑造新可能

【片名阐述：定位网络与新媒体的专业属性："网络"是连接未来的窗口；新媒体是数字化时代的载体，"塑"取"数"的谐音，塑造可能，旨在阐释农大网新专业先进的教育体系，为学生的未来成才赋予多种可能】

【片头】：

登高必自，大学之道。（泰山空镜，风格参考纪录片《大泰山》）

在信息爆炸的时代，传播格局、舆论环境和技术边界不断升级，深度融合的媒介生产与传播已成新的命题，AI智能时代也悄然临近……（该部分风格-类似下图影像）

如何培育新时代的网络与新媒体人才，山东农业大学可能会给你答案……（山农校门/校园俯拍/网新学生朝气蓬勃走向镜头的画面，或带有山农LOGO的机房授课/影棚等画面快剪）

作为农业农村部、国家林业和草原局与山东省人民政府共建高校，山东省优先重点支持的2026年国家第三轮"双一流"建设高校，山东农业大学现有在校生35038人，其中本科生29090人，博士、硕士研究生5948人，教师中有教授、副教授1134人，中国科学院院士1人，中国工程院院士2人，长江学者特聘教授、国家杰出青年科学基金获得者等国家级人才40余人。改革开放以来，学校获得包括国家技术发明一等奖在内的国家级科技成果奖39项，国家级教学成果奖9项。建校以来，培养了以中国科学院院士李振声、印象初、朱兆良，中国工程院院士束怀瑞、山仑、于振文、李玉、李培武，4位"长江学者"，12位国家杰青等为杰出代表的各类优秀人才40万余人，是山东高等教育的一面重要旗帜。

山东农业大学公共管理学院始建于1952年，下设行政管理系、法学系、城市管理与发展系、文化产业发展与管理系、网络与新媒体系5个系，设有法学、行政管理、城市管理、文化产业管理、网络与新媒体五个本科专业，设有公共管理一级学科硕士点以及社会管理与政府法治等二级学科硕士点。多年来，学院秉承"登高必自"的校训，坚持"以人为本"的理念，文、管、法协同发展，学生就业率和考研率连创新高，在推动社会服务高质量发展等方面贡献卓越。

【标题一】：创新发展，优化学科布局。（大气音乐/字幕）

作为山东农业大学为适应新时代媒体人才需求转变而设立的全新跨学科专业，网络与新媒体专业致力于培养"全程、全息、全员、全效"的全媒体人才，（学校党[职]代会/学院领导办公会画面）以追求创新和注重能力的培养理念，将数字化工具生产技术与媒体传播实践深入结合，专业教师、行业导师、AI助教三师共上一堂课，（三师画面/技术处理尽量同框）通过人工智能应用实务、数据分析、摄影摄像、非线性编辑、短视频创作、网络营销、社交媒体运营、融合新闻学、媒介经营与管理等核心课程（滚动教材封面/授课画面），综合培养学习过程中的技术思维和实践能力，为学生以创造性思维实现对SORA等人工智能的良性互动与有效使用，适应智能化、网络化的媒体环境，提供意识、智识、美识聚力融合的数智支撑。（学生风采展示：如参加演讲活动/小组汇报或讨论等画面）

【标题二】：名校师资，架构体系教程（音乐稍缓/字幕）

网络与新媒体专业现有核心教学团队X人，其中教授X人，副教授X人，博士学历占比X%，（滚动配有简介的教师图片）教师分别毕业于中国人民大学、山东大学、南开大学、中国传媒大学、澳大利亚格里菲斯大学等国内外著名高校，（校门图片滚动或教师直播间坐采，上字幕，此处再商榷）具备扎实的理论功底和丰富的实践教学经验，多人具有澳大利亚、韩国等海外留学背景，学缘结构合理，梯队优势明显。（老中青三代教师理论课/实践课授课画面）近年来，网络与新媒体系高度重视学术研究，（系部会议画面）教师主持或参与全国哲学社会科学规划重大委托研究项目、国家社会科学基金项目、文化部文化艺术基金项目、国家广播电视总局部级社科项目10余项，在《Frontiers in Psychology》《山东社会科学》《当代文坛》《孔子研究》《当代电影》《电视研究》等CCSCI期刊发表论文X余篇，形成了求真务实、踏实勤奋的科研氛围。（滚动项目证书/论文截图）

【标题三】：学以致用，打造融通环境（科技感音乐/字幕）

网络与新媒体系配备有国内先进的传媒制作实验室和新媒体艺术教学实验中心，专业级媒体直播间、商业摄影棚、虚拟演播室、广播级摄影摄像器材等硬件设施齐全，教学环境高度仿真工作环境，为实现学生理论学习与实践学习的融通合一提供了有力保障。（各种实验室实拍画面/教师授课与师生互动画面，注意着装和道具，尽量展示设备和教学的专业性）

网络与新媒体系也与国内企事业媒体单位深度合作（签约图片/授牌画面），与上海Bilibili、山东广播电视台、北京万达影业、保利大剧院、泰安融媒集团等共建多个实践实训基地，（单位logo图片/学生在单位工作画面）为学生实习就业和实践能力的培养提供了多样选择。

【标题四】：有教无类，搭建全成长平台（青春感音乐/字幕）

近年来，网络与新媒体系学子积极参加各类文化活动和社会实践，汉服社团（某寺漫步和展示画面）、COSPALY漫展（校园或舞台展示画面）彰显着新时代青年的昂扬气质，无人机、SORA(AIGC）、互联网直播等多个创客社团（社团logo/学生工作画面），为学生创新创业积累了宝贵经验，多名学生在大学生新媒体创意竞赛、全国大学生广告艺术大赛、挑战杯中国大学生创业计划大赛等各类比赛中斩获佳绩，（证书滚动）毕业生总体毕业去向落实率超X%。其中，国内升学X人，占X%；出国、出境深造X人，占X%；多名学子考入浙江大学、中国传媒大学、深圳大学等国内外著名学府深造。直接就业学生中，X人进入中央广播电视台、人民日报、新华网、山东广播电视台、字节跳动、百度、腾讯、爱奇艺等国内知名企业工作，占63.76%，（考研录取通知书/学生在校门口图片/图书馆图片），受到用人单位的一致好评。

【结尾】：

建设教育强国，龙头是高等教育。（习近平总书记主持中共中央政治局集体学习时画面）作为山东省优先重点支持的2026年国家第三轮"双一流"建设高校，（学校大会时主要领导讲话画面）山东农业大学网络与新媒体专业将继续秉持因时而进、因势而新的人才培养理念，坚持铸魂育人，立德树人，以更加饱满的热情和昂扬的心态，用大数字技术和新媒体思维讲好中国发展故事，（师生在图书馆门前/标志性建筑前交谈/互相致意走向镜头的画面），（能体现学生参与以上工作的logo/字幕的课堂或场景画面）以传媒时代新人为乡村振兴注入来自山东农业大学的数字新质生产力和网新加速度！（身着山农标识运动服的男生跑道奔跑冲刺/学生在草坪上操作无人机/女生在校园里奔向镜头的画面，镜头后移拉高，俯拍校园，穿过岱宗校门，定格山东农业大学校门、校徽/文字封底）

图 7-25 学院专业宣传片拍摄文案

②根据文案绘制分镜头脚本，梳理各个标题下的具体拍摄需求和画面要求，如图 7-26 所示。

序号	景别	技巧	台词	动作	时长	参考画面
1	全景	广角，仰拍，变焦	登高必自，大学之道。 （泰山一天门）		2s	
2	素材	素材	在信息爆炸的时代，传播格局、舆论环境和技术边界不断升级，深度融合的媒介生产与传播已成新的命题，AI智能时代也悄然临近		11s	
3	全景	无人机，从校门到泰山,在校门口升起，加速拍泰山正面后，匀速拍摄	如何培育新时代的网络与新媒体人才，山东农业大学可能会给你答案		6s	
4	全景	摇镜头，国家重点实验室	作为农业农村部、国家林业和草原局与山东省人民政府共建高校		3s	
5	素材	新闻画面	山东省优先重点支持的2026年国家第三轮"双一流"建设高校		3s	
6	素材	学校视频	建校以来，培养了以中国科学院院士李振声、印象初、朱兆良， 中国工程院院士束怀瑞、山仑、于振文、李玉、李培武，4位"长江学者"，12位国家杰青等为杰出代表的各类优秀人才40万余人，是山东高等教育的一面重要旗帜		10s	
7	全景	航拍，匀速拍摄文理大楼	山东农业大学公共管理学院始建于1952年		2s	
8	AE素材制作		设有法学、行政管理、文化产业管理、网络与新媒体四个本科招生专业		4s	
9	AE素材制作		设有公共管理一级学科硕士点，以及社会管理与政府法治等二级学科硕士点，法律硕士授权点		5s	
10	全景	仰拍	多年来，学院秉承"登高必自"的校训，坚持"以人为本"的理念，	学生拿着书走路	3s	
11	AE素材制作	动态表格	共促学生发展，就业率和考研率连创新高，在推动社会服务高质量发展等方面贡献卓越		4s	
12	AE素材制作	动态片头	创新发展，优化学科布局		1s	
13	素材	学校党[职]代会	作为山东农业大学为适应新时代媒体人才需求转变，设立的全新跨学科专业		4s	
14	全景	移镜头，环绕拍摄	网络与新媒体专业致力于培养"全程、全息、全员、全效"的全媒体人才	融媒体中心学生上课画面	4s	
15	全景	固定镜头	以追求创新和注重能力的培养理念，将数字化工具生产技术	老师上课与AI数字人互动	4s	
16	中景	固定镜头	与媒体传播实践深入结合	学生笑后鼓掌	2s	
17	近景	移镜头	通过人工智能应用实务、数据分析	拍摄机房，用kreadoai制作数字人画面	2s	
18	全景	移镜头	摄影摄像、非线性编辑、短视频创作	老师在操场教学生使用相机	2s	
19	全景	移镜头	网络营销、社交媒体运营	学生在直播间直播	2s	
20	中景	移镜头	融合新闻学、媒介经营与	录播室学生出镜	1s	
21	特写	固定镜头	管理等核心课程	录播系统画面	1s	
22	中景	移镜头	综合培养学习过程中的技术思维和实践能力，	学生讨论画面	2s	
23	中景	固定镜头	为学生以创造性思维实现对SORA等人工智能的良性互动与有效使用	学生使用modelscope.cn的画面，类似3d效果	2s	
24	近景	固定镜头	适应智能化、网络化的媒体环境，提供意识、智识、美识聚力融合的数智支撑。	学生使用modelscope.cn的画面，类似3d效果	3s	
25	近景	坐采	网络与新媒体专业现有核心教学团队X人，其中教授X人，副教授X人，博士学历占比X%，教师分别毕业于中国人民大学、山东大学、南开大学、中国传媒大学、澳大利亚格里菲斯大学等国内外著名高校		10s	

图 7-26 学院专业宣传片分镜头脚本

26	中景	移镜头	具备扎实的理论功底和丰富的实践教学经验	指导学生，讲数据	2s	
27	近景	移镜头	多人具有澳大利亚、	指导学生用电脑	2s	
28	中景	移镜头	韩国等海外留学背景	指导学生打灯光	2s	
29	全景	固定镜头	学缘结构合理，梯队优势明显。	系部教师开会画面	2s	
30	AE素材	AE素材	近年来，网络与新媒体系高度重视学术研究，教师主持或参与全国哲学社会科学规划重大委托研究项目、国家社会科学基金项目、文化部文化艺术基金项目、国家广播电视总局部级社科项目10余项，在《Frontersy in Psychology》《山东社会科学》《当代文坛》《孔子研究》《当代电影》《电视研究》等CCSCI期刊发表论文x余篇、形成了求真务实、踏实勤奋的科研氛围		15s	
31	全景	摇镜头	网络与新媒体系配备有国内先进的传媒制作实验室和新媒体艺术教学实验中心	实验室画面	3s	
32	全景	摇镜头	专业级媒体直播间	直播间画面	1s	
33	全景	摇镜头	商业摄影棚、虚拟演播室	融媒体中心	1s	
34	特写	移镜头	广播级摄影摄像器材等硬件设施齐全	摄影摄像器材	1s	
35	全景	跟镜头	为实现学生理论学习与实践学习的融通合一提供了有力保障	摄影棚，先拍照，镜头一转，电脑上制作	3s	
36	AE素材	AE素材	网络与新媒体系也与国内企事业媒体单位深度合作，与Bilibili、山东广播电视台、北京万达影业、保利大剧院、泰安融媒集团等共建多个实践实训基地		7s	
37	中景	固定镜头，仰拍	为学生实习就业和实践能力的培养提供了多样选择	学生拿着相机拍照，入画	2s	
38	中景	固定镜头	近年来，网络与新媒体系学子积极参加各类文化活动和社会实践	穿着马甲给路人指挥，在泰山景区门口	2s	
39	近景	固定镜头	汉服社团、cosplay	簪花镜头	2s	
40	全景	固定镜头	彰显着新时代青年的昂扬气质	漫舞社排练画面	2s	
41	全景	固定镜头	无人机、SORA(AIGC)、互联网直播等多个创客社团	操场放无人机画面	2s	
42	AE素材		为学生创新创业积累了宝贵经验，多名学生在大学生新媒体创意大赛、全国大学生广告艺术大赛、挑战杯中国大学生创业计划竞赛等各类比赛中斩获佳绩		7s	
43	素材		建设教育强国，龙头是高等教育	习近平总书记主持中共中央政治局集体学习画面	2s	
44	素材		作为山东省优先重点支持的2026年国家第三轮"双一流"建设高校	学校大会上主要领导讲话画面	3s	
45	近景	固定镜头	山东农业大学网络与新媒体专业将继续秉持因时而进、因势而新的人才培养理念	学生入画，抬头，坚定信念	3s	
46	全景	固定镜头	坚持铸魂育人，立德树人，以更加饱满的热情和昂扬的心态	走入教学楼	3s	
47			用大数字技术和新媒体思维讲好中国发展故事		2s	
48	全景	固定镜头	以传媒时代新人	公管体育队男生跑步	1s	
49	中景	固定镜头	为乡村振兴注入	女生在草坪上直播	1s	
50	全景	无人机	来自山东农业大学的数字新质生产力和网新加速度!	学生招手，让无人机起飞	5s	

续图 7-26

（3）制订拍摄计划。

确定拍摄地点，包括泰山空镜拍摄地、山东农业大学校门、校园各处、机房、影棚、会议室、实验室、合作单位等。

安排拍摄时间，根据不同场景的光线和人员安排，合理规划拍摄进度。

制定拍摄顺序，确保拍摄的逻辑性和连贯性。

（4）准备设备和道具。

准备高质量的摄影设备，包括相机、镜头、三脚架、稳定器等。

准备灯光设备，根据不同场景的需求进行布置。

准备录音设备，确保声音的清晰录制。

准备道具，如教材、证书、服装等，以增强画面的表现力。

2. 拍摄阶段

（1）片头拍摄。

前往泰山拍摄空镜，参考纪录片《大泰山》的风格，捕捉泰山的雄伟壮丽景色，如图 7-27 所示。

拍摄信息爆炸时代的相关画面，如人们使用电子设备、新闻报道等，体现传播格局的变化，如图 7-28 所示。

（2）学校介绍部分拍摄（南校区）。

拍摄山东农业大学校门，展示学校的标志性建筑，如图 7-29 所示。

进行校园俯拍，展现学校的整体风貌，如图 7-30 所示。

拍摄网络与新媒体专业学生朝气蓬勃地走向镜头的画面，体现学生的活力。

拍摄带有山农 logo 的机房授课和影棚等画面，展示专业教学环境。

（3）学院介绍部分拍摄（本部）。

拍摄公共管理学院的教学楼、系办公室等场景，如图 7-31 所示。

拍摄学院领导办公画面，体现学院的管理工作。

拍摄各专业的教学活动和学生学习场景，展示学院的专业设置和教学氛围，如图 7-32 所示。

图 7-27 拍摄泰山画面截图

图 7-28 拍摄信息爆炸时代画面截图

图 7-29 拍摄校门画面截图

图 7-30 拍摄学校整体风貌画面截图

图 7-31 拍摄公共管理学院画面截图

图 7-32 拍摄学生学习画面截图

（4）标题一拍摄。

拍摄学校召开党、职工代表大会画面，体现学校对专业发展的重视。

拍摄教师与数字人同框的画面，可通过技术处理实现，如图 7-33 所示。

拍摄核心课程的教材封面和授课画面，展示专业课程设置。

拍摄学生参加演讲活动、小组汇报或讨论等画面，体现学生的风采，如图 7-34 所示。

图 7-33 拍摄教师授课画面截图

图 7-34 拍摄学生讨论画面截图

（5）标题二拍摄。

拍摄网络与新媒体专业教师授课画面，滚动展示并配上简介，如图 7-35 所示。

拍摄教师直播间授课画面，可结合校门图片滚动播放，展示教师的风采和专业背景。

拍摄老中青三代教师理论课和实践课授课画面，体现教学团队的实力。

拍摄项目证书和论文截图，展示学术研究成果，如图 7-36 所示。

（6）标题三拍摄。

拍摄传媒制作实验室和新媒体艺术教学实验中心的环境和各种设备，展示硬件设施的先进，如图 7-37 所示。

拍摄师生互动画面，注意着装和道具，展示教学的专业性。

拍摄签约图片和授牌画面，体现与企事业媒体单位的合作。

拍摄单位 logo 图片和学生在单位工作画面，展示实践实训基地的情况，如图 7-38 所示。

图 7-35 拍摄专业教师授课画面截图

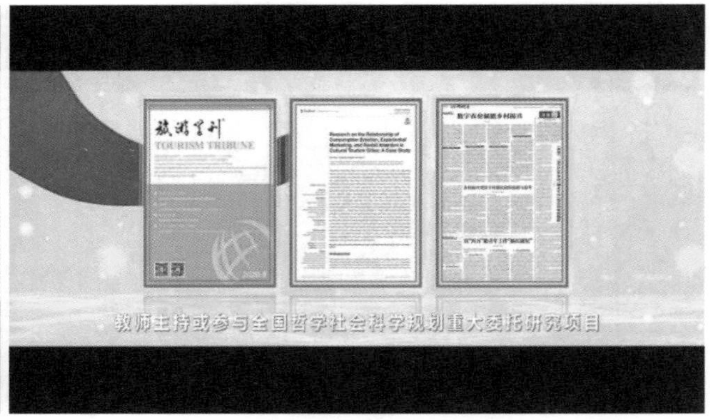

图 7-36 拍摄论文画面截图

图 7-37 拍摄实验室画面截图

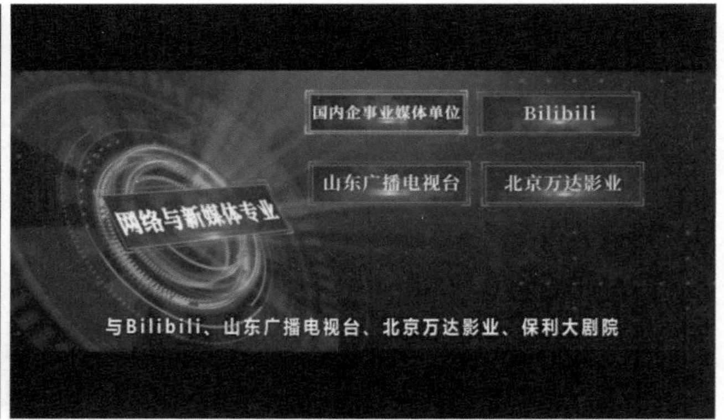

图 7-38 拍摄合作单位画面截图

（7）标题四拍摄。

拍摄汉服社团在寺庙漫步的画面，体现学生的文化活动，如图 7-39 所示。

拍摄 cosplay 社团的校园或舞台展示画面，展示学生的兴趣爱好。

拍摄无人机、SORA（AIGC）、互联网直播等创客社团的 logo 和学生工作画面，体现学生的创新创业活动。

拍摄证书滚动画面，展示学生在各类比赛中的获奖情况，如图 7-40 所示。

拍摄学生收到考研录取通知书，学生在校门口、图书馆等画面，体现学生的升学和学习情况。

图 7-39 拍摄汉服画面截图

图 7-40 拍摄获奖证书画面截图

（8）结尾拍摄。

拍摄学校大会上主要领导讲话画面，体现学校的发展目标。

拍摄师生在图书馆门前、标志性建筑前交谈，互相致意走向镜头的画面，展示师生的精神风貌，如图 7-41 所示。

拍摄学生参与工作的画面，体现专业的实践教学成果。

拍摄身着山农标识运动服的男生在跑道上奔跑、学生在草坪上操控无人机、女生在校园里奔向镜头的画面，如图 7-42 所示。最后镜头后移拉高，俯拍校园，穿过岱宗校区校门，定格山东农业大学校门。

图 7-41 拍摄学生精神风貌画面截图

图 7-42 拍摄跑道画面截图

3. 后期制作

（1）素材筛选和整理。

对拍摄的大量素材进行筛选，选择最符合宣传片要求的画面。

对素材进行分类整理，方便后期剪辑制作。

（2）剪辑和配乐。

根据拍摄文案的结构和节奏，进行剪辑制作，使画面流畅、有逻辑性。

选择合适的音乐和音效，增强宣传片的感染力和吸引力。

（3）调色和特效。

对画面进行调色处理，使色彩更加饱满、美观。

适当添加字幕和特效，如转场效果等，增强画面的表现力。

（4）审核和修改。

对制作完成的宣传片进行审核，检查画面质量、声音效果、内容准确性等方面。

根据审核意见进行修改和完善，确保宣传片的质量。

4. 交付和宣传

将制作完成的宣传片交付给学院，根据学院的要求进行调整和修改。

利用学院的官方网站、社交媒体等渠道进行宣传，提高专业的知名度和影响力。

三、学习任务小结

本次学习任务通过对学院专业宣传片拍摄项目的分析，详细讲解了宣传片拍摄的流程，包括前期策划、拍摄阶段、后期制作和交付宣传。同学们在学习过程中，了解了拍摄团队的组建、拍摄文案和分镜头脚本的撰写、拍摄计划的制订、设备和道具的准备、不同场景的拍摄技巧以及后期制作的方法。通过实践操作，同学们能够掌握宣传片拍摄的专业技能，提高团队协作能力和创新能力，培养严谨认真的工作态度和审美素养。

四、课后作业

（1）选择一个主题，撰写拍摄文案并绘制分镜头脚本。

（2）利用手机或相机拍摄上题中绘制的分镜头脚本短视频，进行后期制作，分享到学习平台上。

项目八
广告性专题拍摄

学习任务一 广告性专题的拍摄特点
学习任务二 广告性专题的拍摄技巧
学习任务三 企业产品宣传片的拍摄

广告性专题的拍摄特点

教学目标

（1）专业能力：掌握广告性专题的拍摄特点，包括目标明确性、创意独特性、画面精美性、音效配合性、时间紧凑性、品牌突出性。

（2）社会能力：了解广告行业的市场需求和发展趋势，具备一定的分析能力。

（3）方法能力：能够运用广告性专题拍摄的特点，对广告性专题的拍摄方案进行评估和改进。

学习目标

（1）知识目标：掌握广告性专题的概念及特点，熟悉广告性专题拍摄所需设备及工具。

（2）技能目标：能够总结广告性专题拍摄特点，并运用所学知识表现广告主题和产品特点。

（3）素质目标：培养创新意识和审美能力，提高广告性专题作品的艺术水平；培养分析问题的能力，增强职业素养。

教学建议

1. 教师活动

（1）通过广告性专题案例分析和作品展示，讲解广告性专题拍摄的概念及特点。

（2）组织学生分析优秀的广告性专题作品，引导学生自主学习，提高学生分析问题、解决问题的能力。

2. 学生活动

（1）积极参与课堂讨论，提高学习效率。

（2）积极完成优秀广告性专题作品分析，完成知识点归纳总结。

一、学习问题导入

“just do it” 这句广告语源于广告公司 W+K 的创始人，他希望能够鼓舞女性无所顾虑地投入健康的体育运动中，传达出一种洒脱、果断的态度，如图 8-1 所示。大家想知道精彩的广告是怎么拍摄出来的吗？今天我们就来一起探索广告性专题的拍摄特点。

二、学习任务讲解

1. 广告性专题拍摄的概念

广告性专题拍摄是一种以明确的商业推广为目的，通过精心策划的创意、高质量的画面与音效制作，精准针对目标受众进行品牌形象塑造和产品服务宣传的影像创作活动。它融合了独特的视觉呈现、引人入胜的故事叙述、专业的设备技术运用以及精准的营销定位等特点，在有限的时间内高效传达丰富信息，以吸引观众注意力并激发其购买欲望或建立品牌忠诚度。

2. 广告性专题拍摄的特点

（1）目标明确性。

广告性专题的拍摄有着非常明确的商业目标，即推广产品、服务或品牌，每一个画面、每一个情节都围绕着这个目标展开，旨在吸引目标受众的注意力，激发他们的购买欲望。例如苹果公司的广告，始终围绕着其产品的创新、简洁和高品质的特点，无论是 iPhone、iPad 还是 Mac，相关广告都明确地向消费者传达了这些产品能够为他们的生活带来便利，如图 8-2 所示。

图 8-1 耐克公司广告语

图 8-2 iPhone 16 Pro 宣传片节选

（2）创意独特性。

①视觉创意。

广告常常运用独特的画面风格来吸引观众，可以是丰富绚丽的色彩搭配，营造出活泼、时尚的氛围；也可以是简洁大气的黑白风格，展现出高端、典雅的气质。广告也常采用新颖的拍摄角度和构图方式。例如，仰拍可以让产品显得更加高大、雄伟；俯拍则可以展示出更广阔的场景，给人以宏大的视觉感受。

可口可乐的广告常常以鲜艳的色彩和充满活力的画面吸引观众。其广告中大量运用红色、白色等品牌标志性颜色，通过独特的拍摄角度展示可乐瓶的曲线美和气泡的动感，让人一眼就能记住。

可口可乐的广告往往通过明亮的色彩和独特的场景设置，展现出品牌的年轻与活力。比如广告《让我们赢在一起》中，身穿红色衣服的运动员们纷纷举起可口可乐干杯畅饮，画面中的红色调和欢快的人群与可口可乐的品牌形象相得益彰，如图 8-3 所示。

②故事创意。

广告多通过讲述一个引人入胜的故事来传达产品或品牌的价值，故事可以是感人的、幽默的、励志的，只要能够引起观众的情感共鸣，就能够增强广告的感染力。设计一些富有个性的角色，让他们在特定的情境中与产品互动，这样可以使广告更加生动、有趣。

泰国的广告以其精彩的故事创意而闻名。比如泰国 Sarnrak 慈善公益基金推出的一则广告《一个妈妈教会女儿受用一生的事情》，讲述了妈妈没有上过学，通过身教让女儿学会切菠萝，在女儿羡慕别的小朋友有雪糕吃时，妈妈想出把菠萝放在冰块里制作菠萝冰棍的办法，女儿在妈妈的鼓励下开始卖菠萝冰棍，最终获得成功，小女孩顺利长大并获得 Sarnrak 奖学金完成大学本科学业，强调了家庭教育的重要性，如图 8-4 所示。

图 8-3 可口可乐《让我们赢在一起》广告视频节选

图 8-4 《一个妈妈教会女儿受用一生的事情》广告视频节选

（3）画面精美性。

①高质量的影像。

广告性专题的拍摄应使用专业的摄影设备和技术，确保画面的清晰度、色彩还原度和对比度都达到较高的水平。细腻的画质可以提升广告的品质感，让观众更容易被吸引。

此外，应注重画面的细节表现。无论是产品的纹理、材质，还是人物的表情、动作，都要通过精心的拍摄和后期处理展现出来，以增加广告的真实感和可信度。

例如宝马汽车的广告，画面中的汽车线条流畅，金属质感强烈，每一个细节都处理得非常到位。在不同的光线下，汽车的颜色和光泽有着细腻的变化，让人能够感受到汽车的高品质和精湛工艺，如图 8-5 所示。

②精心的场景布置。

根据广告的主题和风格，搭建合适的场景，场景可以是豪华的别墅、美丽的自然风光，也可以是充满科技感的实验室等。场景的布置要与产品或品牌的定位相符合，营造出特定的氛围。可运用道具来增强画面的表现力，如鲜花、气球、玩具等，为画面增添更多的趣味和情感元素。

化妆品品牌兰蔻的广告常常选择美丽的花园、优雅的宴会厅等场景，配合精致的道具，如鲜花、水晶吊灯等，营造出浪漫、高贵的氛围，与品牌的定位完美契合。兰蔻的广告通过精心布置的场景和道具，展现出品牌的优雅与奢华；美丽的花园为广告增添了浪漫的氛围，让消费者更容易将品牌与高品质的生活联系在一起，如图 8-6 所示。

（4）音效配合性。

①音乐选择。

应为广告搭配适合其风格和情感基调的音乐。欢快的音乐可以营造出轻松愉快的氛围，适用于推广休闲产品或服务；激昂的音乐则可以激发观众的斗志和热情，适用于运动品牌或科技产品的广告。音乐的节奏和旋律要与画面的节奏和情节相呼应，在高潮部分使用强烈的节奏和激昂的旋律，舒缓的情节则搭配柔和的音乐，以增强广告的感染力。

图 8-5 宝马汽车广告视频节选

图 8-6 兰蔻广告视频节选

耐克的广告常常搭配充满活力和激情的音乐，如节奏感强烈的摇滚乐或电子音乐。当运动员在赛场上奋力拼搏时，激昂的音乐配合快速切换的画面，让人热血沸腾，充分展现了耐克品牌的运动精神，如图 8-7 所示。

②音效设计。

加入恰当的音效可以让广告更加生动、真实。当然，音效不能过于嘈杂或突兀，要与音乐和对话声相协调，以保证广告的整体听觉效果。在美食广告中，常常会加入食物的烹饪声、咀嚼声等音效，让人仿佛能够闻到食物的香味，增强了广告的吸引力。

肯德基的广告通过逼真的音效体现了炸鸡的酥脆，让消费者对美味的食物产生了强烈的渴望，烹饪过程搭配的音效让广告更加生动有趣，也更容易吸引消费者的注意力，如图 8-8 所示。

图 8-7 耐克广告视频节选

图 8-8 肯德基广告视频节选

（5）时间紧凑性。

广告的时间通常比较有限，需要在短时间内传达出丰富的信息，因此，拍摄内容应简洁明了，避免冗长拖沓的情节和画面。每个镜头都要有明确的目的和作用，快速地吸引观众的注意力并传达关键信息。

一些短视频平台上的广告，通常在几十秒内就能将产品的特点和优势展现出来，让观众在短时间内了解产品并产生兴趣。

（6）品牌突出性。

①品牌标识的展示。

在广告中要多次展现品牌标识，以加深观众对品牌的印象。品牌标识可以出现在画面的显眼位置，也可以运用创意的方式展示品牌标识。例如，可以将品牌标识融入画面的背景中，或者通过特效的方式让品牌标识更加醒目。

阿迪达斯的广告中，品牌标识常常以各种富有创意的方式出现，比如出现在运动员的服装上、运动场地的背景中，或者通过特效在画面中闪烁，引起观众的注意，如图 8-9 所示。

②品牌价值观的传达。

广告性专题拍摄不仅要推广产品或服务，还要传达品牌的价值观和理念，通过故事、人物或画面的表现，让观众了解品牌的文化内涵和社会责任感，从而增强品牌的亲和力和美誉度。

例如，星巴克的广告常常传达出其品牌的价值观，如分享、关爱和社区精神。广告中人们在星巴克店内交流、分享故事，营造出温馨、舒适的氛围，让观众感受到星巴克不仅仅是一家咖啡店，更是一个社交和传播文化的场所，如图 8-10 所示。

图 8-9 阿迪达斯广告视频节选

图 8-10 星巴克广告视频节选

三、学习任务小结

本次学习任务通过赏析优秀的广告视频，总结归纳了广告性专题拍摄的特点：目标明确性、创意独特性、画面精美性、音效配合性、时间紧凑性、品牌突出性。课后请同学们认真完成作业，锻炼观察能力与拍摄技巧。

四、课后作业

（1）观看至少三个不同类型的广告视频（如电子产品广告、食品广告、汽车广告等），分析其拍摄特点，字数不少于 500 字。

（2）分析广告性专题拍摄如何突出产品或品牌的特点，包括产品展示和品牌形象塑造两个方面。选择一则你认为做得比较好的广告，详细阐述其在这两方面的具体做法，字数不少于 500 字。

广告性专题的拍摄技巧

教学目标

（1）专业能力：掌握广告性专题的各种运动拍摄方式，包括推镜头、拉镜头、摇镜头、移镜头、跟镜头的运用技巧；熟练运用光线、构图、色彩搭配、拍摄角度和捕捉细节等拍摄技巧，制作出高质量的广告性专题作品。

（2）社会能力：培养团队合作精神，能够与团队成员协作完成广告性专题的拍摄任务；增强创新意识和市场敏感度，能够创作出符合市场需求的广告性专题作品。

（3）方法能力：培养自主学习能力，能够通过查阅资料、观看优秀作品等方式不断提升自己的拍摄技巧；提高问题解决能力，在拍摄过程中能够及时发现问题并采取有效的解决措施；锻炼时间管理能力，合理安排拍摄进度，确保按时完成广告性专题的拍摄任务。

学习目标

（1）知识目标：了解广告性专题的拍摄技巧；掌握各种运动拍摄方式的操作方法和效果；熟悉光线、构图、色彩搭配、拍摄角度和捕捉细节等拍摄技巧的原理和应用。

（2）技能目标：能够熟练运用各种运动拍摄方式进行广告性专题的拍摄；运用光线、构图、色彩搭配、拍摄角度和捕捉细节等拍摄技巧，提高广告性专题的画面质量。

（3）素质目标：培养审美能力和艺术修养，提高对广告性专题作品的欣赏水平；树立创新意识和团队合作精神，积极参与课堂讨论和实践活动，共同提高拍摄水平。

教学建议

1. 教师活动

（1）课堂讲授：讲解广告性专题的拍摄技巧，帮助学生更好地理解和掌握相关知识。

（2）实践指导：在实践教学中，对学生进行现场指导，及时纠正学生在拍摄过程中出现的问题，帮助学生掌握拍摄技巧。

（3）作品点评：对学生的作品进行点评和分析，提出改进意见和建议，帮助学生不断提高作品质量。

（4）组织讨论：组织学生进行课堂讨论，激发学生的创新思维和学习热情。

2. 学生活动

（1）课堂学习：认真听讲，积极参与课堂讨论和互动，做好笔记，掌握广告性专题拍摄的相关知识和技巧。

（2）实践操作：按照教师的要求，认真进行实践操作，熟练掌握各种运动拍摄方式和拍摄技巧，提高自己的实际操作能力。

（3）作品制作：根据广告主题和需求，制订合理的拍摄计划，进行有效的拍摄和后期制作，完成一个广告性专题作品的制作。

（4）展示评价：将自己的作品进行展示，听取教师和同学的意见和建议，不断改进自己的作品，提高自己的拍摄水平。

一、学习问题导入

华为广告片《Dream It Possible》讲述了一个女孩追求音乐梦想的故事，情节充满感染力。广告片中运用了多种拍摄技巧，展示了不同场景下女孩的坚持和努力，画面色彩丰富，从温馨的家庭场景到绚丽的舞台，给人视觉上的享受。此外，旋律优美的主题曲与故事完美融合，引发了观众的情感共鸣，如图 8-11 ~图 8-16 所示。

同学们，你们在广告中看到了哪些拍摄技巧呢？这些广告是如何吸引你的注意力的？

图 8-11 华为广告片《Dream It Possible》节选 1

图 8-12 华为广告片《Dream It Possible》节选 2

图 8-13 华为广告片《Dream It Possible》节选 3

图 8-14 华为广告片《Dream It Possible》节选 4

图 8-15 华为广告片《Dream It Possible》节选 5

图 8-16 华为广告片《Dream It Possible》节选 6

二、学习任务讲解

1. 广告性专题的拍摄技巧

（1）光线运用。

①自然光：充分利用自然光可以营造出自然、真实的氛围。

一些农产品的广告会选择在阳光充足的田间地头进行拍摄，利用自然光突出农产品的新鲜和天然。比如赣南脐橙的广告，在早晨的阳光下拍摄橙子挂满枝头的画面，让橙子看起来更加鲜艳可口，如图 8-17 所示。

②人工光：根据需要使用人工光进行补光或创造特定的光影效果。

在化妆品广告拍摄中，会使用人工光打造出柔和、均匀的光线效果，突出化妆品的质感和色泽。比如百雀羚的广告中，使用人工光突出化妆品的包装设计和产品的细腻质感，如图 8-18 所示。

图 8-17 赣南脐橙广告视频节选

图 8-18 百雀羚广告视频节选

（2）构图技巧。

广告性专题拍摄中，常用以下几种构图方法。

①三分法构图：将画面分为九宫格，将主体放置在四个交叉点上，可以使画面更加平衡和美观。

在美食广告中，一般会将食物放置在画面的交叉点上，同时搭配餐具、食材等元素，营造出诱人的画面效果。比如海底捞的广告中，将火锅食材放置在画面的交叉点上，使观众的注意力集中在美食上，如图 8-19 所示。

②对称构图：将主体置于画面中心，左右或上下两侧保持对称，可以营造出稳定、庄重的氛围。

在传统工艺品的广告中，会使用对称构图突出工艺品的精美和对称之美。比如苏绣的广告中，将刺绣作品置于画面中心，左右两侧的背景对称，营造出高雅、精致的氛围，如图 8-20 所示。

图 8-19 海底捞广告宣传片节选

图 8-20 苏绣宣传片节选

（3）色彩搭配。

①选择与广告主题相符的色彩：根据广告的主题和情感诉求，选择合适的色彩搭配。

在儿童用品的广告中，会选择鲜艳、活泼的色彩，如红色、黄色、蓝色等，营造出欢快、充满童趣的氛围。比如巴拉巴拉虎年新款宣传片结合中国传统元素，使用红色作为主色调，明亮的色彩突出了儿童服装的时尚和活力，如图 8-21 所示。

②注意色彩的对比度：合理的色彩对比度可以使画面更加鲜明、生动。

在电子产品的广告中，会使用高对比度的色彩突出产品的科技感和现代感。比如华为手机的广告中使用黑色、蓝色、薄荷绿等颜色，突出手机的高端品质和科技感，如图 8-22 所示。

图 8-21 巴拉巴拉虎年新款宣传片节选

图 8-22 华为手机宣传片节选 1

（4）拍摄角度。

①俯拍：从高处向下拍摄，可以展示主体的全貌和所处的环境。

在房地产广告中，会使用俯拍展示楼盘的整体布局和周边环境，让观众对楼盘有更全面的了解。比如北京融创壹号院宣传片中，从高处俯拍楼盘，展示楼盘的优越地理位置和周边完善的配套设施，如图 8-23 所示。

②仰拍：从低处向上拍摄，可以使主体显得更加高大、雄伟。

在建筑广告中，常使用仰拍展示建筑物的高大和雄伟。在北京融创壹号院宣传片中，从低处仰拍建筑，让观众从另外一个角度感受到建筑的壮观，如图 8-24 所示。

图 8-23 北京融创壹号院宣传片节选 1

图 8-24 北京融创壹号院宣传片节选 2

③侧拍：从侧面拍摄可以展示主体的轮廓和立体感。

在汽车广告中，会使用侧拍展示汽车的流畅线条和动感造型。比如小米 SU7 汽车的广告宣传片中，从侧面拍摄汽车在公路上行驶的画面，展示汽车的外观设计和性能，如图 8-25 所示。

（5）捕捉细节。

①特写镜头：使用特写镜头可以突出产品的细节，展示产品的品质和特点。

在珠宝广告中，会使用特写镜头展示珠宝的细节，突出珠宝的璀璨和高贵。比如周大福的产品宣传片中，使用特写镜头展示耳饰的镶嵌工艺和宝石的色泽，让观众感受到珠宝的精美和价值，如图 8-26 所示。

②捕捉瞬间：在拍摄广告性专题时，要善于捕捉那些能够传达产品信息和情感的瞬间。

在体育品牌的广告中，会捕捉运动员在比赛中的精彩瞬间，展示运动员的拼搏精神和品牌的运动理念。比如李宁的产品宣传片中，捕捉乒乓球运动员在赛场上的击球瞬间，让观众感受到品牌的激情和活力，如图 8-27 所示。

图 8-25 小米 SU7 宣传片节选

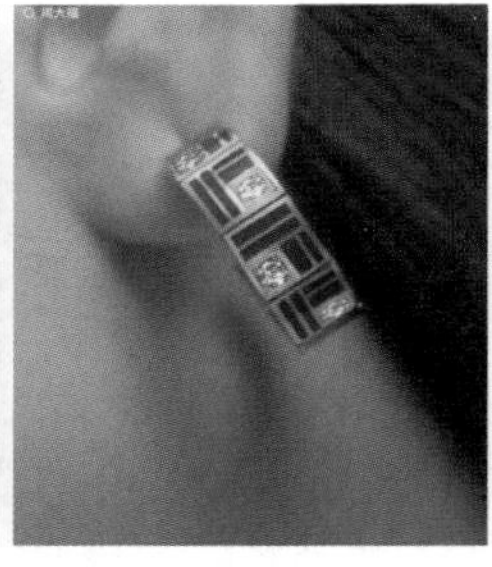

图 8-26 周大福产品宣传片节选

图 8-27 李宁产品宣传片节选

2. 运动拍摄方式

（1）推镜头。

操作方法：摄像机向被摄主体方向推进，或者变动镜头焦距使画面框架由远而近向被摄主体不断接近。

效果：突出主体人物或重点形象，将观众的注意力引导到重要的被摄对象上。

华为手机的广告中使用了推镜头，镜头从远处向在飞机窗边使用手机的主体人物逐渐推进，展示了手机侧面造型，突出了手机的外观设计，如图 8-28 和图 8-29 所示。

图 8-28 华为手机宣传片节选 2

图 8-29 华为手机宣传片节选 3

（2）拉镜头。

操作方法：摄像机逐渐远离被摄主体，或者变动镜头焦距使画面框架由近至远与主体拉开距离。

效果：展示主体所处的环境，使观众对主体与环境的关系有更清晰的认识。

在赤水旅游宣传片中展示了景区内的山和水，在展示瀑布的时候，先展示瀑布的源头，然后将镜头拉远，展示瀑布顺流而下，继续拉镜头，展示整个瀑布的壮丽景色，让观众感受到瀑布的宏大和美丽，如图 8-30 ~图 8-32 所示。

图 8-30 赤水旅游区宣传片节选 1

图 8-31 赤水旅游区宣传片节选 2

图 8-32 赤水旅游区宣传片节选 3

（3）摇镜头。

操作方法：摄像机位置不动，借助于三脚架上的活动底盘或拍摄者自身的人体，变动摄像机光学镜头轴线。摇镜头在方向上有横摇和纵摇之分。

效果：可以展示更广阔的空间范围，让观众对场景有更全面的了解。

在城市形象宣传广告中会使用摇镜头，从城市的标志性建筑开始，逐渐摇向周边的街道、人群和其他景观，展示城市的活力和魅力。在广州的城市宣传片中，拍摄粤剧艺术博物馆时就采用了纵摇镜头的方法，呈现博物馆的整体景象，如图 8-33 和图 8-34 所示。

图 8-33 广州城市宣传片节选 1

图 8-34 广州城市宣传片节选 2

（4）移镜头。

操作方法：将摄像机架在活动物体上随之运动而进行拍摄。

效果：使画面具有动感和节奏感，给观众带来身临其境的感觉。

在汽车广告中会使用移镜头拍摄行驶的汽车，展示汽车的外观和在不同路况下的性能。问界汽车的宣传片中使用移镜头展示汽车的稳定性和操控性，如图 8-35 和图 8-36 所示。

图 8-35 问界 M5 产品宣传片节选 1

图 8-36 问界 M5 产品宣传片节选 2

（5）跟镜头。

操作方法：摄像机始终跟随运动的被摄主体一起运动而进行拍摄。

效果：突出主体的运动状态，让观众更直观地感受到主体的行动和变化。

在体育品牌的广告中会使用跟镜头，镜头跟随运动员运动，展示运动员的活力和品牌的运动精神。在鸿星尔克运动鞋的宣传片中，镜头跟随跑步者在跑道上向前移动，展示跑步者的速度和毅力，如图 8-37 和图 8-38 所示。

图 8-37　鸿星尔克产品宣传片节选 1

图 8-38　鸿星尔克产品宣传片节选 2

三、学习任务小结

在本次学习任务中，同学们不仅学到了广告性专题的拍摄技巧，还培养了对画面的审美能力和分析能力。同时，同学们应该认识到，拍摄技巧的掌握需要不断地实践和积累经验。在今后的学习和创作中，要多观察、多尝试，将所学知识运用到实际拍摄中，不断提升自己的广告拍摄水平。

四、课后作业

（1）观看一部广告片，分析其中运用的拍摄技巧（推、拉、摇、移、跟镜头），不少于 500 字。

（2）选择一个产品或主题，运用本次学习任务所学的拍摄技巧，拍摄一组广告宣传片。要求至少运用三种不同的拍摄技巧，如光线运用、构图技巧、色彩搭配等。

企业产品宣传片的拍摄

教学目标

（1）专业能力：掌握企业产品宣传片拍摄的基本流程和方法；学会运用不同的拍摄技巧，如构图、运镜、转场等，来提升宣传片的质量；能够根据不同企业的产品特点和需求，制订合适的拍摄方案。

（2）社会能力：培养团队协作能力，通过小组合作完成宣传片拍摄任务；增强创新意识和市场敏感度，能够为企业产品宣传片注入独特的创意和价值。

（3）方法能力：培养自主学习和研究的能力，能够主动探索新的拍摄技术和方法。

学习目标

（1）知识目标：了解企业产品宣传片的特点和作用；学习不同的拍摄技巧，包括构图、运镜、转场、拍摄景别等；熟悉后期制作的流程和方法，如剪辑、调色、特效添加等。

（2）技能目标：运用所学的拍摄技巧，拍摄出具有吸引力和表现力的企业产品宣传片；进行有效的后期制作，提升宣传片的视觉效果和艺术感染力。

（3）素质目标：培养审美能力和艺术修养，提高对画面美感的追求；增强责任心和敬业精神，认真对待每一个拍摄任务。

教学建议

1. 教师活动

（1）播放一些优秀的企业产品宣传片，引导学生分析其特点和成功之处。

（2）介绍拍摄企业产品宣传片所需的设备和工具，包括相机、镜头、稳定器、灯光设备等。

（3）详细讲解不同的拍摄技巧，如构图、运镜、转场、拍摄景别等，并结合实例进行分析。

（4）讲解后期制作的流程和方法，包括剪辑、调色、特效添加等。

（5）安排学生进行实际拍摄练习，教师在现场进行指导和点评。

2. 学生活动

（1）积极参与课堂讨论，观看宣传片，并分析宣传片的拍摄技巧。

（2）与小组同学密切合作，共同完成拍摄任务。

一、学习问题导入

请同学们一起欣赏大疆无人机 MAVIC 3 产品宣传片（见图 8-39），与 MAVIC 3 一起探索世界。

图 8-39 大疆无人机产品宣传片节选

二、学习任务讲解

下面以大疆无人机 MAVIC3 产品宣传片为例进行分析，如表 8-1 所示。

1. 拍摄特点

大疆无人机产品宣传片拍摄特点如下。

（1）展示产品性能优势：大疆无人机产品宣传片着重展示产品的各项性能特点，如飞行稳定性、操控灵活性、图传距离、拍摄画质等。通过实际的飞行演示和拍摄画面，让观众直观地感受到产品的强大功能。

（2）强调创新科技：大疆一直致力于技术创新，宣传片中强调了产品所采用的新技术，如先进的避障系统、智能跟随功能、独特的相机配置（包括多镜头系统、高像素、高帧率拍摄等），以引起消费者对其科技含量的关注。

（3）激发情感共鸣：除展示产品本身外，宣传片还注重营造一种情感氛围，激发观众的情感共鸣。例如，通过展示无人机在壮丽的自然景观中飞行的景象，或者人们在使用无人机时的快乐和表情，让观众产生对美好生活和独特体验的向往。

2. 拍摄技巧

（1）构图。

①九宫格构图：常将拍摄主体移至“九宫格”四个交叉点的位置上，尤其是右上方或右下方的交叉点，使主体自然成为视觉中心，突出主体特点。比如一辆越野车从画面右下角开始移动，其起始位置处于九宫格的交叉点上，强调其在画面中的重要性，如图 8-40 和图 8-41 所示。

②二分法构图：多用于拍摄风景，将画面平均划分为上下或左右两部分，用于表现天空和地面、远景等的关系，在展示无人机飞行于广阔天空的场景时可能会用到，使画面显得稳重且能体现出环境的整体面貌，如图 8-42 和图 8-43 所示。

③三分法构图：将画面分为三等份，拍摄风景时可选择 1/3 放置天空或地面，主体部分占 1/3 或 2/3，避免对称构图，让画面稳定和谐又具灵活性。比如拍摄山川、湖泊、沙漠时，按照三分法构图原则设置无人机的飞行轨迹或拍摄角度，使画面更具美感，如图 8-44 和图 8-45 所示。

表 8-1 大疆无人机产品宣传片示意图解

视频的时间位置	图解	图示
00:14	无人机飞行稳定性展示	
00:27	无人机操控员展示	
00:30—00:32	无人机镜头展示	
00:33	无人机传感器画面展示效果	
00:41—00:54	拍摄画质展示	

01:30	无人机外接设备演示	
01:57	显示屏展示	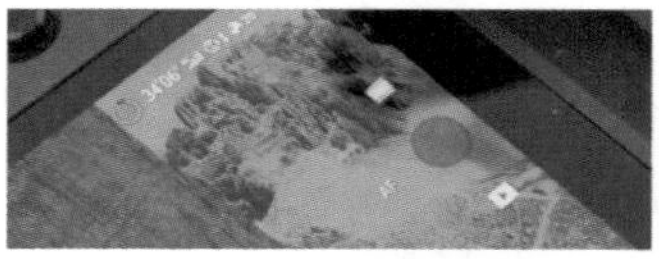
02:16—02:22	操控器展示	
02:50—02:59	避障功能展示	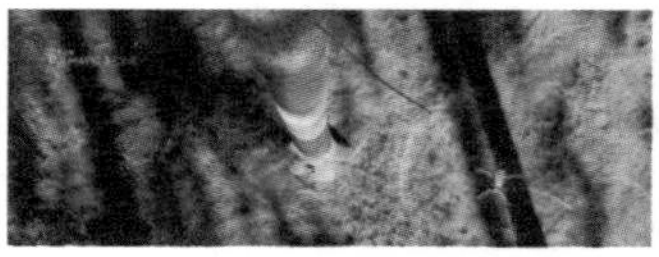

图 8-40 无人机宣传片中九宫格构图 1

图 8-41 无人机宣传片中九宫格构图 2

图 8-42 无人机宣传片中二分法构图 1

图 8-43 无人机宣传片中二分法构图 2

图 8-44 无人机宣传片中三分法构图 1

图 8-45 无人机宣传片中三分法构图 2

④对称式构图：利用画面中景物的对称关系构建画面，将画面一分为二，形成左右呼应，适用于拍摄具有对称美的建筑或景物。宣传片中无人机拍摄的景色采用对称式构图，可展现其庄重和稳定，如图 8-46 所示。

⑤中心构图：把主体放在画面中心，是较为稳定的构图方式，对于新手来说容易掌握。比如直接将大疆无人机作为主体放置在画面中心，突出其外形或某个特定的功能部位，如图 8-47 所示。

⑥ S 形构图：利用 S 形曲线对画面进行布局，使画面富有韵律与活力，河流、道路以及人造的各种曲线建筑等都是构造 S 形构图的好素材，在航拍中运用广泛。在宣传片中，无人机沿着沙漠飞行拍摄，沙漠的 S 形曲线可以让画面更加生动有趣，如图 8-48 所示。

图 8-46 无人机宣传片中对称式构图

图 8-47 无人机宣传片中中心构图

图 8-48 无人机宣传片中 S 形构图

⑦消失点构图：按照近大远小的透视规则，在远方，我们可以看到平行线汇聚于一点，这个点被称作消失点，选择这类画面进行构图可增强画面冲击力，引导观众的视线移至消失点，若拍摄创意人像，可将人物放置在消失点以吸引观众注意力。比如无人机在河流上空飞行时，拍摄河道两边的山脉向远方消失点汇聚的画面，可增加空间感，如图 8-49 所示。

⑧ V 形构图：与 S 形构图目的相同，可增加画面的空间感并对画面进行分割，不同的是曲线换成了直线，让画面有棱有角，直线条更容易分割画面，使画面中各元素之间的关系变得微妙。比如无人机在峡谷中飞行，拍摄两侧峭壁形成的 V 形画面，突出峡谷的深邃和险峻，如图 8-50 和图 8-51 所示。

图 8-49 无人机宣传片中消失点构图

图 8-50 无人机宣传片中 V 形构图 1

图 8-51 无人机宣传片中 V 形构图 2

（2）运镜。

①推镜头：突出主体细节或强调某个重要部分。宣传片中，在展示大疆无人机的传感器时，镜头向前推进，并拍摄传感器的特写，如图 8-52 ~图 8-54 所示。

②拉镜头：与推镜头相反，无人机逐渐远离拍摄主体，同时展示主体与周围环境的关系。在宣传片中，画面中人物奋力向前奔跑，无人机向后飞行，奔跑的人物在画面中渐渐变小，如图 8-55 和图 8-56 所示。

图 8-52 传感器特写 1

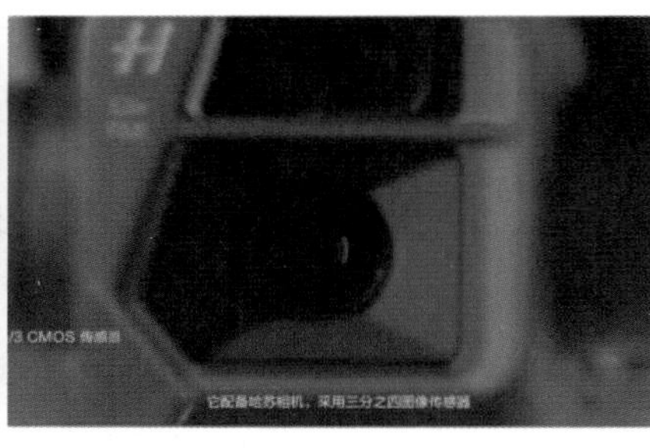

图 8-53 传感器特写 2

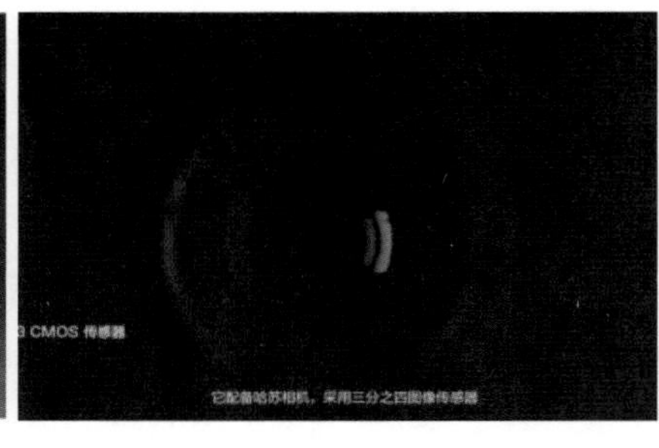

图 8-54 传感器特写 3

图 8-55 拉镜头展示 1

图 8-56 拉镜头展示 2

③摇镜头：无人机的云台左右或上下转动，改变拍摄方向，用于展示环境的全貌或跟随主体的运动轨迹。在宣传片中，无人机拍摄湖中船只时，云台从左往右进行摇动，展示船只排列的全貌，如图 8-57 ~图 8-60 所示。

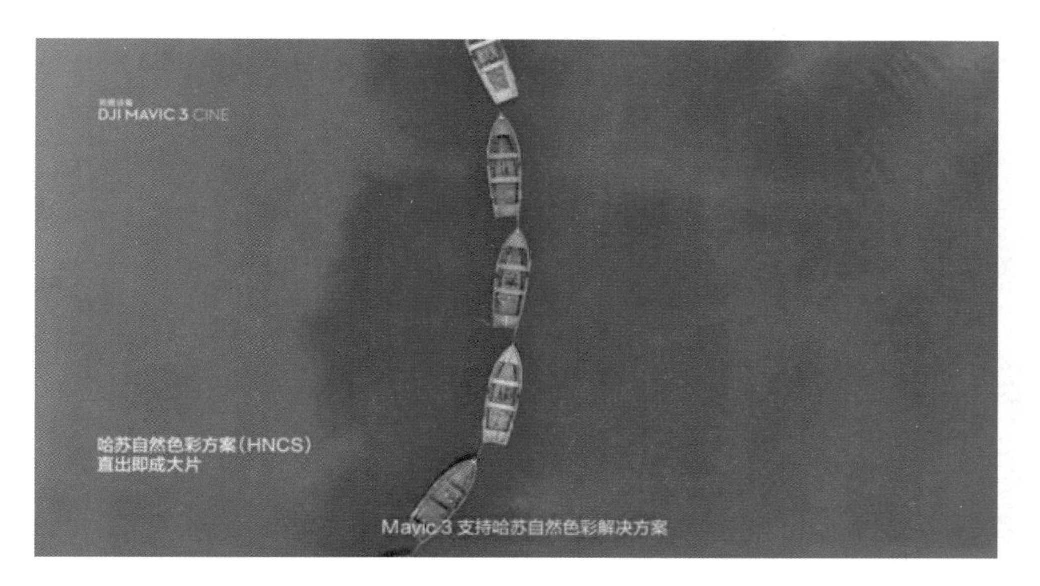

图 8-57 摇镜头展示 1

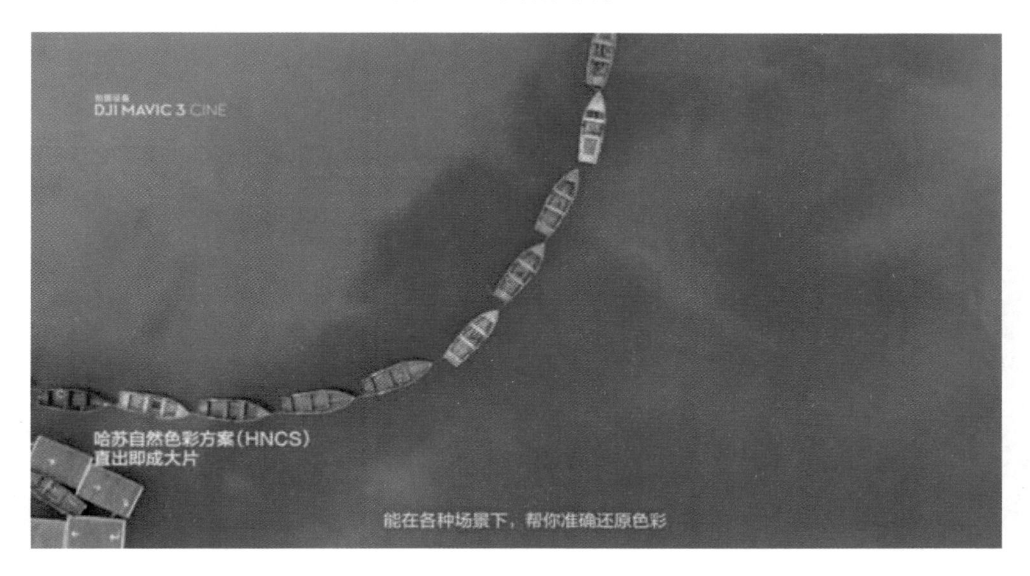

图 8-58 摇镜头展示 2

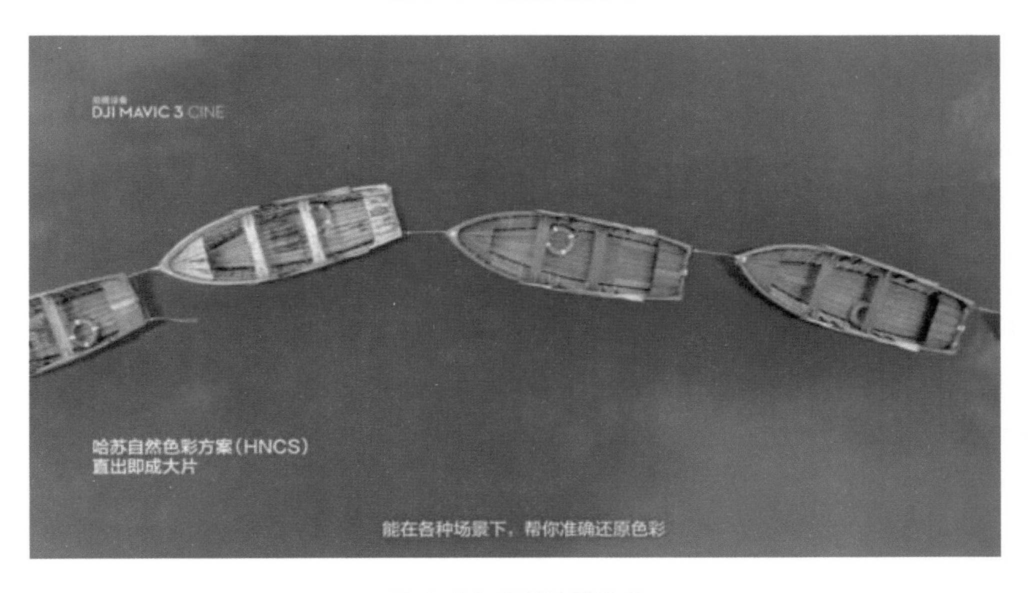

图 8-59 摇镜头展示 3

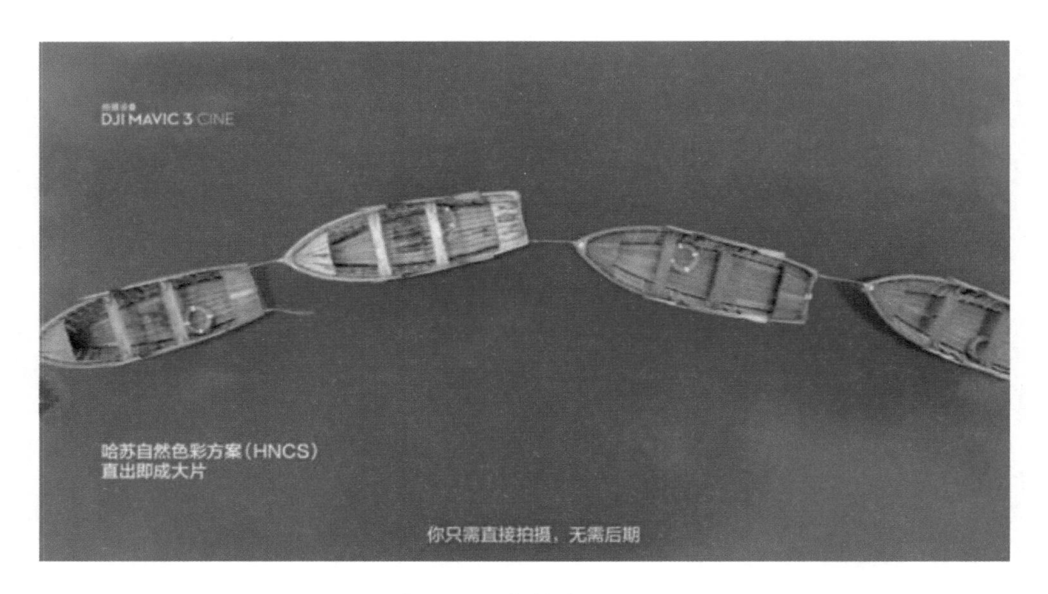

图 8-60 摇镜头展示 4

④移镜头：无人机本身在水平方向或垂直方向上移动，产生类似平移的效果，让观众有身临其境的感觉，仿佛自己在跟随无人机飞行。宣传片中无人机沿着湖泊飞行，拍摄湖泊上的船只、湖泊的颜色以及远处的山峰，如图 8-61 ~ 图 8-63 所示。

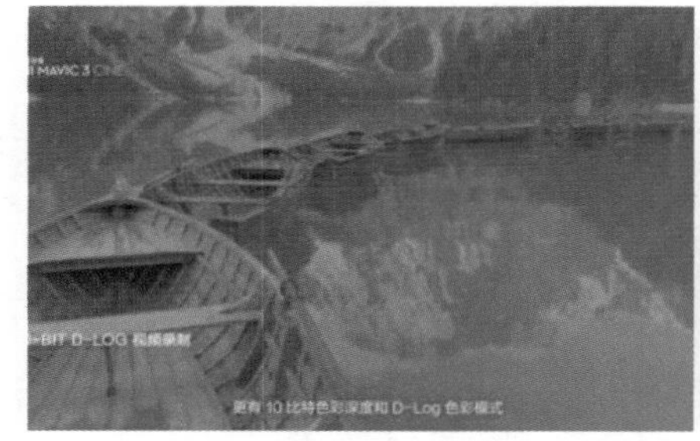

图 8-61 移镜头展示 1

图 8-62 移镜头展示 2

图 8-63 移镜头展示 3

⑤跟镜头：无人机跟随拍摄主体运动，保持主体在画面中的相对位置不变，可以很好地展示主体的运动状态和动作。例如宣传片中拍摄骑行者在山间穿梭，无人机紧跟骑行者的运动轨迹，如图 8-64 ~ 图 8-67 所示。

（3）转场。

①无缝转场：利用大疆无人机飞行的连贯性和稳定性，通过巧妙的剪辑，使不同场景之间的过渡流畅自然，几乎看不出剪辑的痕迹，让观众感觉像是一个连续的拍摄过程。例如宣传片中，场景从山脉直接过渡到湖泊，画面之间通过无人机的飞行进行衔接，如图 8-68 和图 8-69 所示。

②相似性转场：找到前后两个场景中具有相似元素的画面进行转场，比如形状、颜色、纹理等相似的景物，使转场更加顺畅和富有创意。比如宣传片中前一个场景是一片绿色森林，下一个场景通过无人机飞行过渡到一片绿色的草原，如图 8-70 和图 8-71 所示。

图 8-64 跟镜头展示 1

图 8-65 跟镜头展示 2

图 8-66 跟镜头展示 3

图 8-67 跟镜头展示 4

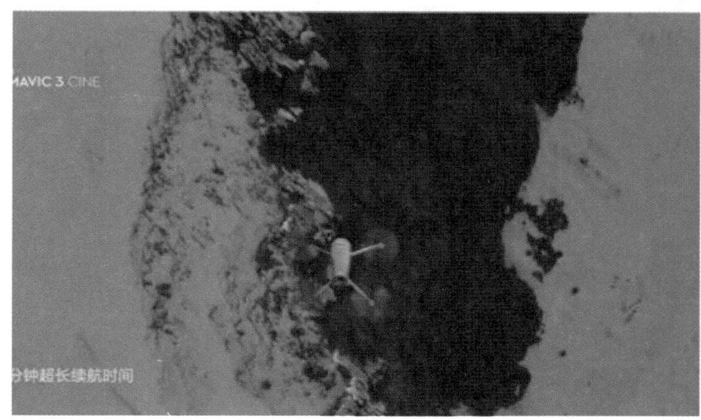

图 8-68 无缝转场展示 1

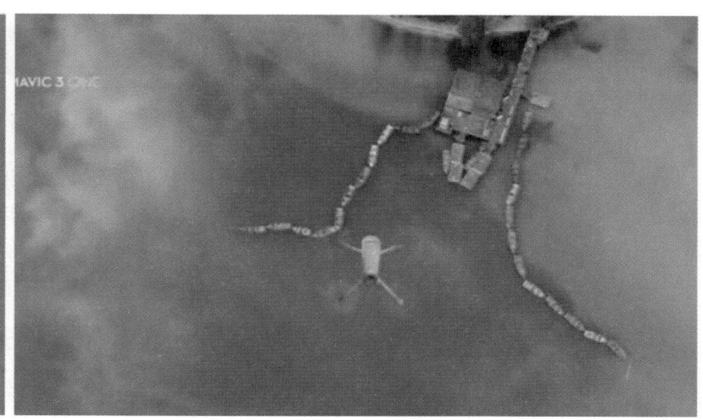

图 8-69 无缝转场展示 2

图 8-70 相似性转场展示 1

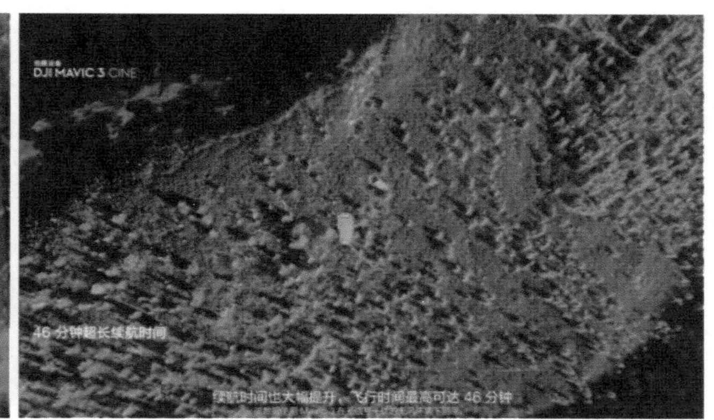

图 8-71 相似性转场展示 2

（4）拍摄景别。

①全景：展示拍摄场景的全貌，给观众一个宏观的印象，用于交代环境和背景。比如在宣传片中，无人机拍摄山峰与落日、地面河流的走向、地貌的特点等，让观众对整体环境有清晰的了解，如图 8-72 ~图 8-74 所示。

图 8-72　宣传片中全景节选 1

图 8-73　宣传片中全景节选 2

图 8-74　宣传片中全景节选 3

②中景：介于全景和近景之间，既能展示主体的一部分，又能体现一定的环境背景，常用于表现主体与周围环境的关系。例如在宣传片中，拍摄无人机外接设备时，展示其与电脑的相对位置和互动，如图 8-75 所示。

③近景：突出拍摄主体的某个部分或细节，让观众更清晰地看到主体的特征。比如宣传片中，给大疆无人机安装增广镜以及调整遥控器的天线等镜头，如图 8-76 和图 8-77 所示。

图 8-75 宣传片中中景节选

图 8-76 宣传片中近景节选 1

图 8-77 宣传片中近景节选 2

④特写：对拍摄主体的某个极小的局部进行放大拍摄，强调其关键特征或重要部位，给观众强烈的视觉冲击。例如宣传片中显示器的特写以及遥控器按钮的特写等，突出产品的品质和特点，如图 8-78 和图 8-79 所示。

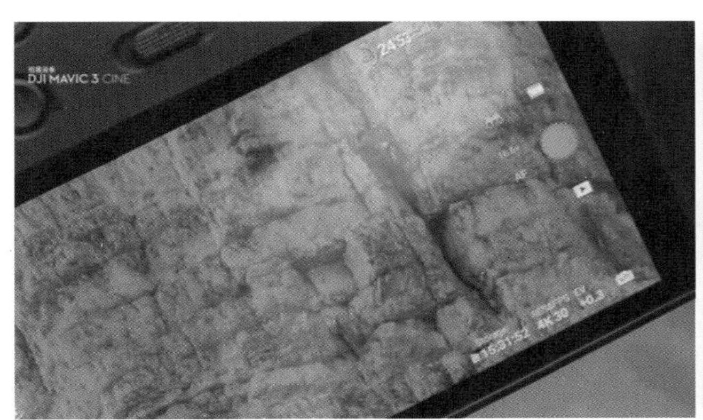

图 8-78 宣传片中特写节选 1

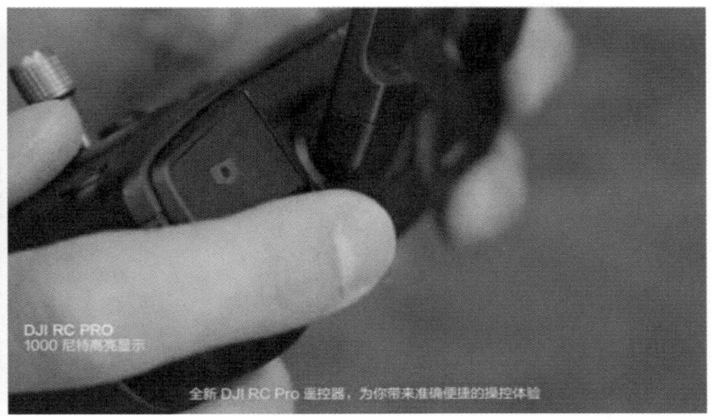

图 8-79 宣传片中特写节选 2

（5）后期制作。

①特效添加：适当添加一些特效，如宣传片中为无人机添加传感器发射信号的特效，增强画面的视觉效果和艺术感，如图 8-80 所示。但特效的使用不要过于夸张，以免影响观众对产品本身的关注。

②音频处理：选择合适的背景音乐和音效，与画面完美配合，增强宣传片的感染力和氛围感。例如在展示无人机在大自然中飞行时，搭配轻松自然的音乐；在展示无人机的高速性能时，搭配节奏感强烈的音乐。同时，对音频的音量、音调等进行调整，使其与画面的节奏和情感相匹配。

③字幕添加：在必要的地方添加字幕，用于解释产品的特点、功能、优势等信息，帮助观众更好地理解宣传片的内容。字幕的设计要简洁明了、美观大方，与画面风格协调一致，如图 8-81 所示。

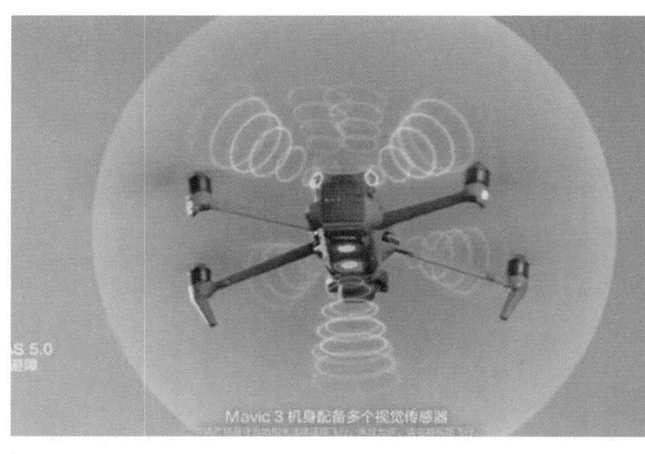

图 8-80 宣传片中特效展示

图 8-81 宣传片中字幕展示

三、学习任务小结

在本次学习任务中，我们深入了解了企业宣传片的拍摄特点及技巧，掌握了许多关键的知识和技能。要想拍摄出一部优秀的企业产品宣传片，还需要不断地实践和积累经验，不断地提高自己的创作水平和能力。

四、课后作业

（1）制订拍摄计划：各小组自由选择一款产品，为其拍摄宣传片。制订一个详细的拍摄计划，包括拍摄时间和地点、人员安排、设备需求、拍摄场景的布置、拍摄的顺序和进度等内容。通过制订拍摄计划，了解拍摄前的准备工作和组织管理的重要性。

（2）拍摄练习：每个小组选择一个简单的产品（如文具、小摆件等）进行拍摄练习。在拍摄过程中注意运用所学的拍摄技巧，如光线布置、拍摄角度的选择、画面构图等，拍摄出一组能够展示产品特点和优势的视频。拍摄完成后，每个小组对自己的作品进行总结和分析，找出优点和不足之处。

项目九

摄影摄像新技术的发展

学习任务一 360° 全景摄影

学习任务二 无人机拍摄

学习任务三 全息摄影

360° 全景摄影

教学目标

（1）专业能力：了解 360° 全景及拍摄步骤，能使用鱼眼镜头或常规镜头进行 360° 全景拍摄。

（2）社会能力：关注日常生活中应用 360° 全景拍摄技术的优势，收集 360° 全景摄影作品。

（3）方法能力：具备资料收集能力，案例分析、提炼及应用能力。

学习目标

（1）知识目标：掌握 360° 全景摄影的步骤。

（2）技能目标：熟练运用软件对 360° 全景照片进行后期处理。

（3）素质目标：提高艺术修养，具有对摄影作品的解读与鉴赏能力。

教学建议

1. 教师活动

（1）收集和展示 360° 全景摄影作品，分析作品摄影技巧，讲解作品文化内涵，传递正确的审美观，提升学生的审美素养，激发学生的艺术想象力。

（2）现场示范 360° 全景摄影步骤，并指导学生进行拍摄实训。

（3）积极与学生进行互动和交流，培养学生自主学习的能力及独立思考的能力。

2. 学生活动

分组进行现场 360° 全景拍摄，培养多角度拍摄能力和艺术表达能力。

一、学习问题导入

360° 全景摄影是一种通过使用相机、鱼眼镜头、三脚架和云台等设备，结合特定的拍摄技巧和后期处理手段，实现 360° 视角的摄影技术。本次课程主要学习 360° 全景摄影的基本概念和拍摄步骤。

二、学习任务讲解

1.360° 全景摄影概述

360° 全景摄影能从多个视角全方位地捕捉场景，与传统摄影不同，它将从多个角度拍摄的照片拼接在一起，形成可全方位观看的完整图像，让观众自由浏览，仿佛身临其境。通常用全景相机或普通相机配鱼眼镜头进行拍摄，相机从不同角度拍多张照片，360° 全覆盖场景，再用软件无缝拼接成球面图像。鱼眼镜头能捕捉宽视角，减少拍摄照片数量。一些全景相机内置多个镜头，一次拍摄可完成全景图像。拍摄后经专业软件进行拼接、色彩校正和消除畸变等处理，生成最终的 360° 全景图像。该技术在虚拟旅游、房地产展示、教育与培训、新闻与媒体、广告与市场营销等领域广泛应用，为用户提供沉浸式体验和新颖的感受。

2.360° 全景摄影工具

拍摄全景图像通常需要数码单反相机、鱼眼镜头、全景云台、三脚架、Insta360 Stitcher 等专业设备。

3.360° 全景摄影步骤

（1）设备准备：准备相机、鱼眼镜头、三脚架和云台。鱼眼镜头扩宽视角，三脚架和云台稳定镜头，确保图像质量。

（2）拍摄过程：架设云台，调整节点，用 *f*/8 光圈和 12 mm 定焦，设定曝光和手动对焦，围绕被摄物体 360 ° 旋转拍摄，包括天空和地面，完成一圈后进行下一步处理。

（3）后期处理：将照片导入软件（如 PTGui）进行拼接处理，导出全景图或全景视频，确保图像无缝衔接，实现全景效果。

4.360° 全景摄影特点

360° 全景包含全景摄影和虚拟全景。全景摄影是将相机环 360° 拍摄的一组照片无缝拼接成全景图像。全景图像包含大于双眼正常有效视角或余光视角乃至 360° 范围的场景。虚拟全景是基于全景图像的真实场景虚拟现实技术，借助计算机技术实现全方位互动式观看，在播放插件支撑下，使用鼠标控制环视的方向，在三维窗口中浏览效果最佳。全景图像如图 9-1 和图 9-2 所示。

（1）鱼眼镜头拍摄。

鱼眼镜头在 360° 全景拍摄中能捕捉大范围的画面，提高拍摄效率并保证全景图像质量。鱼眼镜头主要有圆形和对角线两种类型。圆形鱼眼镜头拍摄的图像在底片上呈圆形，直径等同于画幅宽度；对角线鱼眼镜头拍摄的图像为矩形变形影像，焦距极短，视角接近或等于 180° 。使用对角线鱼眼镜头时，相机机身旋转 45° 可获垂直方向最大视角，正常角度拍摄可获水平方向最大视角。常用的鱼眼镜头有 8 mm 和 15 mm ，使用 8 mm 镜头最少拍 4 张可合成 360° 全景图，15 mm 镜头最多拍 10 张照片。鱼眼镜头与普通超广角镜头的区别在于视角大小和是否校正影像畸变，超广角镜头努力校正画面边缘畸变，鱼眼镜头则保留桶形畸变以达到夸张变形效果，如图 9-3 和图 9-4 所示。

（2）逆光拍摄。

逆光具有一定的艺术魅力和表现力，分全逆光和侧逆光。全逆光是从被摄体背面对着相机照射的光线，也称背光；侧逆光是从相机左、右 135° 的后侧面射向被摄体的光，被摄体受光面占三分之一，背光面占三分之二。逆光拍摄方法有调整曝光补偿法、曝光锁定法和强制使用闪光灯法。调整曝光补偿法根据背景光强弱增加 1 到 2 挡曝光补偿，或在 M 挡提高感光度间接获得曝光补偿；曝光锁定法将镜头焦距调至最长焦段靠近主体测光，锁定曝光值后重新构图拍摄；强制使用闪光灯法在逆光下为主体补光，白天拍摄可使用中灰滤镜降低光线强度，以实现正确曝光。逆光、侧逆光拍摄效果如图 9-5 和图 9-6 所示。

图 9-1 360° 全景图像

图 9-2 室内全景图像

图 9-3 不同型号的鱼眼镜头

图 9-4 鱼眼镜头拍摄的画面

图 9-5 逆光拍摄效果

图 9-6 侧逆光拍摄效果

5.360° 全景摄影应用领域

（1）环境 360° 全景摄影：应用于酒店、景点、博物馆、产业园、学校、医疗机构等领域。高清晰度的全景图像能立体展示景区环境，让观众自由穿梭于景区各个地点，如图 9-7 所示。室内全景照片能全面展示细节，增强用户体验，如图 9-8 所示。校园全景摄影可提升教育资源质量，实现资源共享，如图 9-9、图 9-10 所示。

图 9-7 旅游景区全景摄影

图 9-8 房屋布局风格全景摄影

图 9-9 学校实训室全景摄影

图 9-10 学校实训车间全景摄影

（2）产品 360° 全景摄影：应用于家电、家具、数码产品、汽车等行业。各类商用和作业车辆借助网络多媒体展示汽车内外全景，虚拟现实技术构建的三维汽车模型可展示汽车各部件，如图 9-11 和图 9-12 所示。

图 9-11 汽车展示 1

图 9-12 汽车展示 2

三、学习任务小结

通过本次任务的学习，同学们对 360° 全景摄影有了初步认识，通过赏析各领域的作品提高了鉴赏能力。课后，同学们要对本次课程所学知识点进行巩固，做到理论与实践紧密结合。

四、课后作业

（1）什么是 360° 全景 ?360° 全景有什么特点 ?

（2）收集 5 幅 360° 全景摄影作品，赏析拍摄内容。

（3）拍摄一幅展现校园概况的 360° 全景图。

无人机拍摄

教学目标

（1）专业能力：掌握无人机拍摄专业理论和实战技巧，以及后期优化技巧，提升作品表现力。通过实践积累经验，探索新的拍摄手法。

（2）社会能力：了解日常生活中无人机应用领域的多元化。

（3）方法能力：深入理解与应用航拍技巧和构图设计。

学习目标

（1）知识目标：掌握无人机基本操作技能，了解相关法律法规，具备飞行安全意识。

（2）技能目标：掌握无人机航拍的基本原理和操作方法及后期制作方法。

（3）素质目标：能应对各种复杂的工作环境，具备良好的团队协作和沟通能力。

教学建议

1. 教师活动

（1）收集并展示无人机拍摄的作品，深入分析拍摄的角度与技巧，以提升学生的构图能力，培养学生的审美意识。

（2）积极与学生互动交流，引导学生了解无人机飞行相关的法律法规，培养学生的拓展学习能力及独立思考能力。

（3）现场示范无人机拍摄方法，并悉心指导学生进行拍摄实训。

2. 学生活动

分组开展无人机拍摄活动，强化训练低空无人机自驾系统的操作能力。

一、学习问题导入

无人机结构简单、使用成本低，其航拍影像具有高清晰度、大比例尺、小面积、高现势性的优点。无人驾驶飞机为航拍摄影提供了方便，特别适合获取带状地区航拍影像。

二、学习任务讲解

1. 无人机拍摄概述

无人机是借助无线电遥控设备或者机载计算机程控系统来进行操控的不载人飞行器，如图 9-13 所示。无人机的结构较为简单，使用成本较低。它不但能够完成载人飞机所执行的任务，更适合执行载人飞机不太适宜执行的任务，在应对突发事件时起着很大的作用。

图 9-13 无人机

2. 无人机拍摄特点

无人机航拍摄影将无人驾驶飞机作为空中平台，利用机载遥感设备（如高分辨率 CCD 相机、轻型光学相机、红外扫描仪、激光扫描仪、磁测仪等）来获取信息。无人机拍摄具有以下几个特点：

（1）无人机具有小型轻便、低噪声、节能、高效机动、影像清晰以及智能化的特点。

（2）航拍影像具备高清晰度、大比例尺、小面积、高现势性的优点，无人机尤其适合获取带状地区（如公路、铁路、河流、水库、海岸线等）的航拍影像，受场地限制较小，稳定性和安全性良好。

（3）多用途、多功能的影像系统是获取遥感信息的重要手段。遥感航拍所使用的摄影、摄像器材主要是经过改装的 120 照相机，可拍摄黑白、彩色的负片及反转片，也可以使用小型数码摄像机或借助视频无线传输技术进行彩色摄制。

3. 无人机的拍摄技巧

（1）风速较快的情况。

无人机因体积小、重量轻，在飞行时受气流影响极大，当风速较快时无法保持稳定的飞行状态，大风天气不适宜进行航摄作业。在不改变无人机动力大小的前提下，无人机相对空气的运动速度是恒定的，对于地面的操纵者来说，无人机顺风飞行时的速度远大于逆风飞行时的速度。无人机在下风处飞行时极易被风吹得距离操纵者过远，导致操纵者难以看清其飞行姿态，无法准确控制无人机，最终很难让无人机飞回来。出于安全考虑，无人机的飞行区域应控制在上风处。

（2）起飞滑跑时出现意外的情况。

无人机航测作业通常无法在十分理想的场地进行，场地本身不平整容易使无人机在起飞滑跑时发生意外转向。此时无人机仍在地面，离人群较近，并且处于加速阶段，发动机工作在最大功率，螺旋桨转速也最大，若处理不当容易对人身安全构成危害。所以一旦无人机在起飞滑跑阶段出现异常，操纵者应第一时间将发动机油门减至最小，尽量使其熄火，同时让无人机的行驶路径远离人群。按照规范操作要求，无人机起飞时操纵者应站在其后侧，其他人员全部站在操纵者身后，这样无人机的飞行方向与操纵者身体朝向一致，能在异常情况发生时最大限度缩短操纵者的反应时间，保护人身安全。

（3）推杆操作方法。

推杆，即向前推动升降舵操纵杆，其目的是使无人机机头下沉。在正常飞行中，推杆应轻柔且适度，比如在需要调整无人机拍摄角度，使其略微向下倾斜以获取特定视角时，可缓缓推动操纵杆，同时密切关注无人机的姿态变化以及飞行高度、速度等参数。每次推动幅度以能实现细微角度调整为宜，避免一次性推动幅度过大。当完成角度调整后，应及时回中操纵杆，保持无人机稳定飞行。需特别注意的是，若推杆动作过大，无人机会迅速进入俯冲姿态。由于此时高度快速降低，重力势能快速转化为动能，速度急剧上升，留给操纵者修正错误操作的反应时间极短，极易引发飞行事故。因此，推杆时务必谨慎操作，防止此类危险情况发生。

（4）操作失误时的应对。

如果因操作失误导致无人机飞行状态异常，例如在转向时错误操作副翼，使得无人机倾斜角过大进而造成升力不足，无人机飞行高度迅速下降等，操作者首先要保持冷静，迅速地通过操纵副翼来修正无人机的姿态，接着操纵升降舵将无人机提升到安全位置。航测用的无人机由于搭载着精密仪器，在飞行过程中不允许出现激烈的动作。在操纵无人机飞行时，手法应尽可能柔和，动作不能过大，尤其要时刻留意反向修正，也就是“回舵”。在每次对无人机下达控制命令改变其飞行姿态之后，都要及时地将无人机的姿态修正为正常平稳的状态，无人机遥控设备及操作如图 9-14 和图 9-15 所示。

图 9-14 无人机遥控设备

图 9-15 无人机遥控操作

（5）降落时保持合适的下滑角。

无人机降落过程与起飞过程相反，无人机持续减速，机头水平向下保持稳定角度并逐渐降低高度，直至最后平稳低速地接触地面，完成着陆过程。倘若机头下沉角度过大，无人机就会进行俯冲，降落速度会过快；反之，当机头上扬时速度下降太快，无人机升力不足便会失速；若机头保持水平，降落航线又会太长，无人机将超出肉眼能够清晰观察的范围，所以无人机降落时必须严格控制下降角度。在机头上扬（即仰角偏大）时，不能采用起飞时推杆压低机头的做法来恢复姿态。无人机降落的正确方式是依据仰角大小的不同，将升降舵操纵杆相应地稍微回中并保持不动，等机头下降至接近水平位置时，立即将升降舵操纵杆拉到合适位置，此时机头处于刚刚下沉过水平位置后停止下沉的状态，保持一个合适的小角度向下滑行，进而进入正常的降落姿态。

4. 使用无人机的注意事项

（1）无人机的螺旋桨在未启动时看似是松的，这是正常现象，无须人为进行紧固。因为螺旋桨是靠离心力展开的，倘若人为强行紧固螺旋桨，会导致螺旋桨的重心偏离其正常旋转轴心，从而引发剧烈的振动。这不仅会影响无人机飞行的稳定性，使拍摄画面出现严重抖动，降低拍摄质量，还可能因振动过大对无人机内部的电子元件、连接部件等造成损坏，缩短无人机的使用寿命，甚至在飞行过程中引发安全隐患。

（2）开机顺序是先遥控器，后无人机。关机顺序是先无人机，后遥控器。顺序弄反，无人机会失控。

（3）操作者加油门时无人机会侧偏和后退，这是因为无人机的桨叶受到涡流的影响而变得不稳定，快速提速可解决此问题。

（4）无人机不能飞得太高，因为无人机在高空中阻力大，容易失控摔机。一般情况下，应该控制无人机的高度在 1 ~ 2 层楼，或者室内 1 ~ 1.5 m。

（5）无人机油门的控制。无人机速度上升后，在飞到 1 m 左右高度时需要点动控制油门，而不是忽上忽下地拉动。

（6）当无人机的机翼碰到障碍物卡住时，立刻关闭油门，切断动力，否则会因为堵转电机而烧坏电池、线路板、电机。

（7）无人机使用完以后，需要立即将电池与无人机插头拔开。如果不拔，锂电池一直在给无人机供电，处于放电状态。

（8）给无人机安装 GPS 定位器好处较多，不仅可以防止无人机无法找回的情况，还可以记录其飞行轨迹。

三、学习任务小结

通过本次任务的学习，同学们了解了无人机的基本原理和使用方法，学会了调整无人机的拍摄角度和高度，掌握了无人机操作的注意事项，并对无人机的拍摄技巧有了深刻体会，提高了创新意识和实践能力。

四、课后作业

（1）无人机拍摄技巧有哪些？

（2）做一个无人机拍摄计划，包括作业区域、飞行环境、法规要求。

（3）使用无人机拍摄校园概况。

全息摄影

教学目标

（1）专业能力：深入探究全息成像、数字信号处理、光电技术以及 3D 渲染技术等领域的知识，能够将理论知识熟练运用于全息摄影实践操作中。

（2）社会能力：通过全息摄影项目实践、行业交流活动等，学会运用全息摄影技术解决实际问题，提升科学认知水平与技术应用能力，同时增强团队协作、沟通交流能力，以适应社会多元化需求与行业发展变化。

（3）方法能力：构建扎实的学科基础知识体系，熟练掌握全息摄影方法与技巧，具备自主学习、自我反思与创新实践的能力；能够在不同的场景中灵活运用所学知识分析和解决全息摄影相关问题，强化自己的职业技能，为未来在全息摄影及相关领域的职业发展奠定坚实基础。

学习目标

（1）知识目标：理解和掌握全息摄影技术的基本原理和应用领域。

（2）技能目标：掌握全息成像原理，完成全息摄影作品。

（3）素质目标：培养观察能力、思维能力和动手能力。

教学建议

1. 教师活动

（1）通过多媒体展示优秀的全息摄影作品，进行深入讲解，提升学生的专业能力。

（2）现场示范人像摄影的布光方法以及全息摄影的过程，指导学生进行拍摄实训，提升学生的职业技能。

2. 学生活动

（1）分组进行全息摄影实践，运用所学的全息摄影技术，通过全息摄影成像模拟系统，完成全息摄影作品。

（2）认真观察和学习教师的示范，进行人像摄影的布光和全息摄影的拍摄实训。

一、学习问题导入

你是否曾经在科幻电影中看到三维图像悬浮在空中？这种效果是如何实现的呢？

二、学习任务讲解

1. 全息摄影概述

全息摄影也被称作全像摄影，是一种不用透镜就能记录和再现物体的三维（立体）图像的照相方法。它能够记录物体表面光波的振幅和相位信息，并在需要时再现这种光波。全息摄影利用的是光的干涉和衍射原理。首先，由同一光源发出的光被分成两束，一束作为参考光直接照射到全息记录介质（如全息胶片）上，另一束作为物光照射到被拍摄物体上，经物体反射或透射后到达记录介质。物光和参考光在记录介质上相遇并发生干涉，形成复杂的干涉条纹图案。这些干涉条纹的疏密、明暗和形状等特征记录了物光的振幅和相位信息，以及物体的三维空间特征信息。当用与参考光相同的光照射已记录了干涉条纹的全息图时，全息图上的干涉条纹会对光产生衍射作用。根据惠更斯－菲涅耳原理，衍射光会再现原始物体的光波，包括其振幅和相位信息，从而使观察者能够看到物体的三维图像，仿佛物体真实地存在于空间中，具有很强的立体感和真实感，并且观察者可以从不同角度观察到物体的不同侧面。使用了全息技术的信用卡和图书防伪卡如图 9-16、图 9-17 所示。

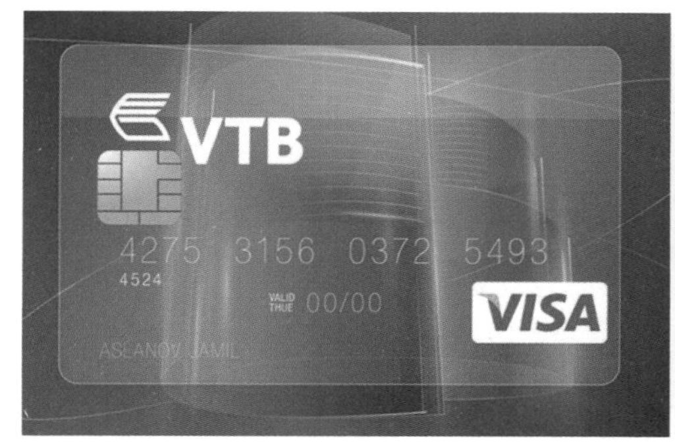

图 9-16 信用卡

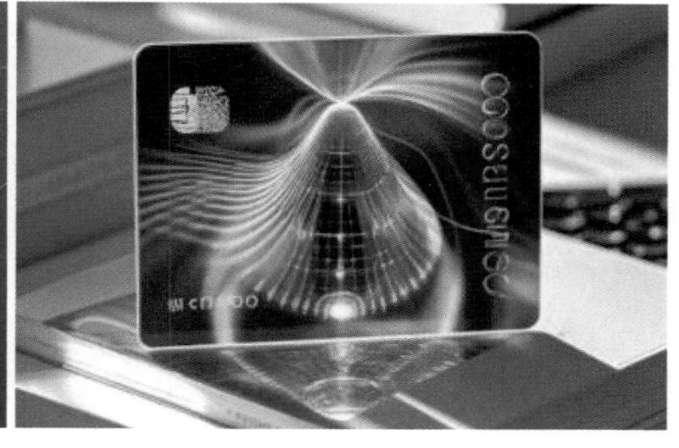

图 9-17 图书防伪卡

2. 全息摄影的拍摄技巧

（1）保证拍摄系统的稳定。

对于激光波长为 632.18 nm 的 HJ2 Ⅱ 型氦氖激光器而言，在曝光过程中必须确保拍摄系统的移动不超过干涉条纹间距的四分之一。要将各光学元件稳固夹持，把被照物体粘牢在载物台上或者夹紧在架子上，把曝光定时器放置在远离全息台的位置。因为气流通过光路、声波干扰以及温度变化都会导致周围空气密度发生变化，所以在拍摄前必须远离全息台，保持安静状态，静止两分钟以上再启动曝光定时器，并且在曝光期间不能发出任何声响，以保证环境稳定。曝光结束后还要静等二十秒以上才能取下干板，并用黑纸包好。

（2）安排和调整光路的具体做法。

①光路的布置：依照图 9-18（a）所示的光路，将各元件放置在相应的位置上，对各元件进行调整，使得各光束都与台面平行且与各元件中心重合，在初始阶段不要添加扩束镜。

②光程的测量：测量物光与参考光的光程，从分束镜开始，沿着光束的前进方向一直量至全息干板，按照等光程来安排光路，光程差不得大于 1 cm。

③夹角的选取：参考光和物光的夹角以 20° ～ 30° 为宜。

④光强比的调节：要获得较好的拍摄效果，应使参考光增强，以避开非线性区，减少斑纹效应。如被摄物是瓷器，应与全息干板距离较近（3 ~ 5 cm）；若被摄物是硬币，则可与全息干板距离远一些（可达 10 cm）。将被摄物放入扩束镜后，调节物体方位，使物体漫反射光的最强部分均匀地落在全息干板上，参考光应均匀覆盖整个全息干板，两光的光强比为 3：1 至 5：1 比较合适。

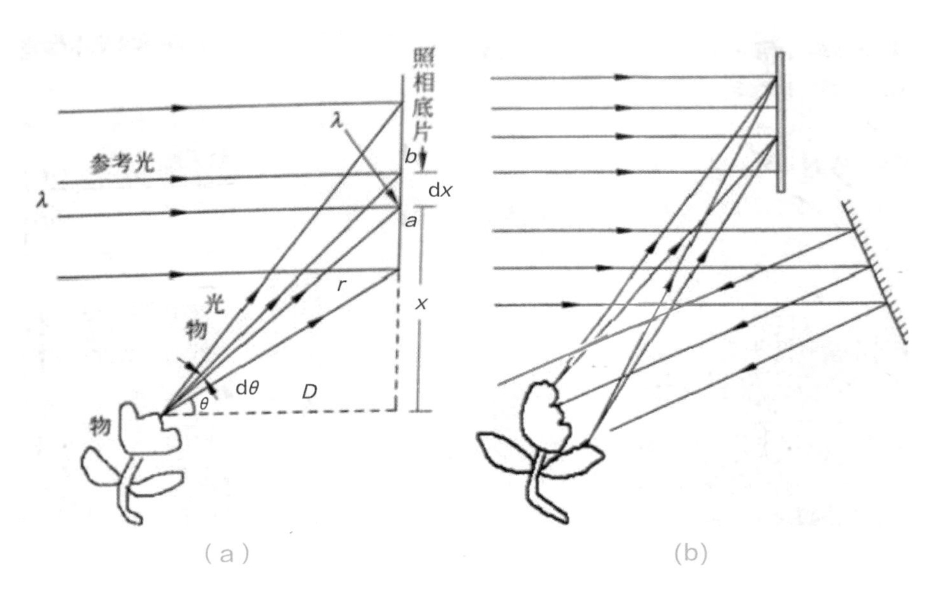

图 9-18 光路图

（3）拍摄全息图及再现观察。

①拍摄底片：关闭室内所有光源，在全暗环境下学会判断全息干板药膜面的方法，即用两根手指同时触摸全息干板的两面，较涩的一面是药膜面，光滑的一面是玻璃面。取下白屏，将全息干板的药膜面朝向被摄物体固定在干板架上。

②设置曝光时间：曝光时间的长短与光源的功率有关联。对于功率较大的光源，曝光时间可以适当缩短一些；若光源功率较小，曝光时间则可适当延长一些。一般要求曝光时间为 3 ~ 4 min，曝光时间过长很难确保拍摄过程中周围环境绝对安静。同时也要考虑被摄物体的反光程度，对于反光较强的物体，曝光时间可适当缩短，反之则适当加长。

③设置显影时间：设置显影时间需要综合考虑曝光量、显影液的浓度以及温度等情况。在曝光量正常的情况下，使用 D219 显影液，当温度在 20 ℃ ±15 ℃时，显影时间一般为十几秒。但在温度较高且使用新配置药水的情况下，可能几秒钟干板就会变黑，显影时间应根据实际情况而定（但不要超过 3 min）。可将干板放在显影液中并轻轻搅动液体，几秒钟后将干板对着暗绿灯观察，待其微微发黑时即可用清水冲洗，冲洗干净后放入定影液中 2 ~ 4 min，在定影过程中也应不断搅动定影液，之后放入清水中冲洗 5 ~ 15 min，再进行干燥。另外，配置好的药水应放在茶色玻璃瓶中避光保存，操作时要避免将一种药水带入另一种药水中。万一显影或曝光过度，可以将干板放入漂白液中进行减薄处理，减薄处理可在白光下进行，减薄程度要适当，不可太过，否则全息图会消失。

④再现观察：将处理好的全息底片放在图 9-18（b）所示的光路中观察全息图。再现时也可以用强光照射全息图，以增加其亮度。

3. 全息摄影的拍摄要求

（1）光源必须为相干光源。

由于全息摄影依据的是光的干涉原理，因此要求光源具有出色的相干性。激光的出现为全息摄影提供了理想的光源，这是因为激光具备良好的空间相干性和时间相干性。采用 He-Ne 激光器拍摄较小的漫散物体能够获得优质的全息图。

（2）全息摄影系统应具有稳定性。

因为全息底片上记录的是干涉条纹，而且是又细又密的条纹，所以照相过程中极小的干扰都可能引起干涉条纹的模糊，甚至导致干涉条纹无法记录。例如，拍摄过程中若底片位移一个微米，条纹就会难以分辨。为此，全息实验台需要具备防震功能。在曝光时应禁止大声喧哗，不能随意走动，确保整个拍摄环境绝对安静。

（3）物光与参考光的条件。

物光和参考光的光程差应尽可能小，两束光的光程最好相等，最多不能超过 2 cm，在调整光路时可用细绳进行测量；两束光的夹角应在 30° ~ 60° 范围内，最好在 45° 左右，因为夹角小的话，干涉条纹就会比较稀疏，这样对系统的稳定性以及感光材料分辨率的要求就会较低；两束光的光强比要适当，一般在 1：1 至 1：10 都可以，光强比可通过硅光电池测出。

（4）使用高分辨率的全息底片。

普通摄影用的感光底片由于银化物颗粒较粗，每毫米只能记录 50 ~ 100 个条纹，而全息摄影底片上记录的是又细又密的干涉条纹，所以需要高分辨率的感光材料。

（5）全息照片的冲洗过程。

按照配方要求配制药液，配出显影液、停影液、定影液和漂白液，用蒸馏水、纯净的自来水配制均可。冲洗过程要在暗室中进行，药液不能见光，在室温 20 ℃左右进行冲洗，配制一次药液若保管得当可使用一个月左右。

三、学习任务小结

通过本次任务的学习，同学们对全息摄影技术有了深入的了解，并进行了初步的实践。课后，大家要巩固本次课程所学知识点，培养创作能力和终身学习的意识。

四、课后作业

（1）深入研究储兰兰的数字新京剧作品《君生我未生》中虚拟 3D 全息技术的具体应用，撰写一篇分析报告，包括该技术给京剧舞台表现形式带来的改变、观众对这种改变的反应以及该技术对京剧艺术传承与创新的意义。

（2）以小组为单位，制作全息摄影技术在不同领域应用的 PPT，展示所收集的案例和小组成员的分析与见解。

拓展资源 3D 视频拍摄

参考文献

[1] 高德胜 . 摄影摄像技术 [M]. 北京：人民邮电出版社 ,2022.

[2] 詹青龙，袁东斌，刘光勇 . 数字摄影与摄像 [M].3 版 . 北京：清华大学出版社 ,2023.

[3] 曹陆军 . 电视摄像 [M].2 版 . 南京：南京大学出版社 ,2018.

[4] 程科，云盼盼 . 摄影摄像基础 [M].2 版 . 北京：北京大学出版社 ,2024.

[5] 李晖 . 摄影与摄像 [M]. 北京：北京师范大学出版社 ,2016.

[6] 史勤波，张万志 . 商品摄影与摄像 [M]. 北京：北京理工大学出版社 ,2019.

[7] 单光磊，韦良福，郑成刚 . 摄影与摄像技艺基础 [M]. 北京：化学工业出版社 ,2023.

[8] 邵大浪，蒋斐然 . 广告摄影与摄像 [M].2 版 . 北京：高等教育出版社 ,2020.